辽宁省人工增雨概念模型和指标体系研究

张晋广 主编

内容简介

本书全面系统地介绍了2015年以来辽宁省利用"天-空-地"多源探测资料在人工增雨概念模型和指标体系方面开展的研究及取得的进展。全书共分6章,第1章介绍了辽宁省人工增雨作业典型天气系统及其影响下的云垂直结构特征,建立了人工增雨作业垂直结构模型;第2章基于探空湿度的云识别方法,深入分析了云出现频率和云垂直结构的季节性变化特征及其所受天气系统的影响;第3章到第6章分别基于CloudSat卫星、MODIS卫星、FY-2卫星以及GNSS/MET资料,分析了云宏微观变化特征,建立了辽宁省降水云识别指标。本书可供从事人工影响天气工作的有关单位和科技人员参考。

图书在版编目(CIP)数据

辽宁省人工增雨概念模型和指标体系研究 / 张晋广主编. -- 北京:气象出版社,2021.11
ISBN 978-7-5029-7612-5

Ⅰ. ①辽… Ⅱ. ①张… Ⅲ. ①人工降水-研究-辽宁 Ⅳ. ①P481

中国版本图书馆CIP数据核字(2021)第240160号

辽宁省人工增雨概念模型和指标体系研究
Liaoning Sheng Rengong Zengyu Gainian Moxing he Zhibiao Tixi Yanjiu

出版发行:气象出版社	
地　　址:北京市海淀区中关村南大街46号	邮政编码:100081
电　　话:010-68407112(总编室)　010-68408042(发行部)	
网　　址:http://www.qxcbs.com	E-mail:qxcbs@cma.gov.cn
责任编辑:杨　辉　高菁蕾	终　　审:吴晓鹏
责任校对:张硕杰	责任技编:赵相宁
封面设计:艺点设计	
印　　刷:北京建宏印刷有限公司	
开　　本:710 mm×1000 mm　1/16	印　张:7
字　　数:130千字	彩　插:2
版　　次:2021年11月第1版	印　次:2021年11月第1次印刷
定　　价:38.00元	

本书如存在文字不清、漏印以及缺页、倒页、脱页等,请与本社发行部联系调换。

编委会

主　编：张晋广

副主编：董国平　赵姝慧　刘　旸　孙　丽
　　　　秦　鑫　翟晴飞

编　委：王　萍　张铁凝　张玮琦　张萌萌
　　　　彭耀华　罗　聪　马晓晨

序

人工增雨是一项科技含量非常高的科学试验活动。我国为了解决水资源短缺的实际情况,在广大的北方以及南方季节性缺水的地区,都把人工增雨作为一项公益性活动来开展,投入巨大,以期造福人民。我国自从20世纪50年代末开展飞机人工增雨活动以来,已经对工作中遇到的科学问题开展了大量广泛的科学研究工作,取得了有益的成果。已有的科学研究表明,人工增雨作业最为关键的科学问题是如何把握时机,在降水云系的合适部位、合适的时段播撒合适剂量的催化剂,使得降水系统向人们所期望的方向发展,使得地面降水增加。要有效地增加地面降水,则必须搞清楚所要催化云系的结构,按照已有的云降水物理知识,科学地在云系合适的部位播撒适量的催化剂,以达到预期的目标。

我国地域辽阔,降水系统的局地性非常强,不同的区域,所对应的降水系统结构有很大的差异。要科学高效地开展人工增雨工作,必须研究本地降水系统的宏微观结构,特别是降水云系中适合开展人工增雨作业的部位。非常高兴看到在这一领域,辽宁省开展了卓有成效的工作。张晋广先生主编的《辽宁省人工增雨概念模型和指标体系研究》一书,系统地介绍了辽宁省利用现代科技进步所发展的探测手段,研究了辽宁省开展人工增雨活动的云系结构。

本书在分析常规气象资料的基础上,重点介绍了利用卫星资料研究辽宁省降水系统的方法,获得了非常有意义的结果。利用探空资料分析了降水云系的结构,利用星载雷达统计分析了开展人工增雨作业云系的结构,以及不同卫星资料在研究当地降水云系中的作用,特别是在开展研究过程中,非常注重测量原理及资料反映实际云系结构的能力。这些研究结果不仅揭示了辽宁省当地云系的结构,更重要的是形成了开展人工增雨活动的概念模型以及催化作业指标,为当地科学开展人工增雨作业活动提供了科技支撑。本书所用到的研究方法和资料,可以为其他省份开展人工增雨作业提供借鉴。

我国是全球开展人工增雨活动的大国,但由于种种原因,我们在科学有效地开展人工增雨作业活动中,还有很多不足。作为一个长期从事云降水物理和人工影响天气研究的一线科研工作者,我本无资格为本书写序,但在细读本书后,为作者仔细深入的研究态度、研究方法所感动,也庆幸找到了志同道合者。期望本书能够为我国各地从事人工影响天气工作的科研工作者提供一定的参考,使得我国人工增雨活动更上一层楼,造福社会。

雷恒池

2021 年 9 月于北京

前　言

党的十八大以来，辽宁省人工影响天气事业快速发展，特别是2015年中国气象局实施《人工影响天气业务现代化建设三年行动计划》后，辽宁省人工影响天气工作在现代化业务体系和科技支撑等方面取得显著成效，在乡村振兴、防灾减灾救灾、生态文明建设等国家重大战略实施和重点领域发挥了保障作用。

依托"天-空-地"立体监测网，发展作业条件识别和多源资料融合分析技术，认识人工增雨作业云系的宏微观结构特征，建立典型云系人工增雨概念模型和指标体系，是强化科技创新、实施人工影响天气业务现代化建设的必然要求。近年来，辽宁省充分利用卫星、探空、全球导航卫星系统大气探测（GNSS/MET）等探测手段，深度分析人工增雨典型云系结构特征，提炼了基于不同探测资料、适合于本省的降水云识别指标，并在实际业务工作中取得了较好效果，为科学、精准作业提供了有效的技术支撑。

本书注重人工增雨技术研究与业务应用相结合，系统地分析和总结了近年来辽宁省利用"天-空-地"多源探测资料在人工增雨概念模型和指标体系方面开展的研究及取得的进展。全书共分6章，第1章介绍了辽宁省人工增雨作业典型天气系统及其影响下的云垂直结构特征，建立了人工增雨作业垂直结构模型；第2章基于探空湿度的云识别方法，深入分析了云出现频率和云垂直结构的季节性变化特征及其所受天气系统的影响；第3章到第6章分别基于CloudSat卫星、MODIS卫星、FY-2卫星以及GNSS/MET资料，分析了云宏微观变化特征，建立了辽宁省降水云识别指标。

本书各章执笔人：第1章为张晋广、董国平；第2章为赵姝慧、孙丽、翟晴飞；第3章为刘旸、张玮琦；第4章为孙丽、张铁凝和彭耀华；第5章为刘旸、王萍和罗聪；第6章为秦鑫、张萌萌和马晓晨。赵姝慧、刘旸负责全书的统稿，张铁凝负责全书图片和参考文献的校对工作，由张晋广审稿。

本书的出版得到了如下两个项目的资助：国家重点研发计划"人工影响天气基础理论、数值模式技术研究"（编号：2018YFC1507900）；辽宁省科学技术计划项目农业攻关及产业化计划"基于多源探测资料的辽宁省云水资源评估与人工增雨指标体系研究"(编号:2019JH2/10200019)。

本书编写过程中得到有关领导和专家的支持和帮助,郭学良研究员、李培仁正研高工、陈宝君教授、齐彦斌正研高工等人工影响天气领域专家在本书写作和出版的过程中提出了宝贵意见,在此致以最诚挚的谢意。

本书内容包括多种观测资料的应用分析,希望能为相关人员,提供一些先行经验和启示。人工增雨概念模型和指标体系复杂并具有地域特点,编写过程中难免有疏漏或不完善之处,敬请各位专家、学者及广大读者批评指正。

作者

2021年8月

目 录

序
前言

第1章 辽宁省典型天气系统云垂直结构模型 ………………………… （1）
   1.1 人工增雨作业典型天气系统 ………………………………………… （1）
   1.2 典型天气系统云垂直结构特征 ……………………………………… （3）
   1.3 人工增雨作业垂直结构模型 ………………………………………… （17）
   1.4 本章小结 ……………………………………………………………… （19）

第2章 基于探空资料的云识别特征 …………………………………… （20）
   2.1 探空仪及其湿度测量误差简介 ……………………………………… （20）
   2.2 云出现频率的季节变化特征及受天气系统的影响 ……………… （27）
   2.3 云垂直结构的季节变化特征及受天气系统的影响 ……………… （33）
   2.4 本章小结 ……………………………………………………………… （45）

第3章 基于CloudSat卫星产品的降水云识别指标 ………………… （47）
   3.1 资料介绍 ……………………………………………………………… （47）
   3.2 云垂直结构特征 ……………………………………………………… （48）
   3.3 不同季节云系人工增雨作业指标 …………………………………… （57）
   3.4 本章小结 ……………………………………………………………… （61）

第4章 基于MODIS卫星产品的降水云识别指标 …………………… （63）
   4.1 MODIS卫星产品简介 ………………………………………………… （63）
   4.2 云宏微观参量的变化特征 …………………………………………… （64）
   4.3 建立降水云识别指标 ………………………………………………… （68）
   4.4 本章小结 ……………………………………………………………… （70）

第5章 基于FY-2卫星产品的降水云识别指标 ……………………… （72）
   5.1 FY-2卫星产品及降水天气过程简介 ………………………………… （72）
   5.2 云宏微观参量的变化特征 …………………………………………… （74）

5.3　建立降水云识别指标 ……………………………………………（83）
5.4　本章小结 …………………………………………………………（84）
第6章　基于GNSS/MET的降水云识别指标 ………………………（86）
6.1　GNSS/PWV简介 …………………………………………………（86）
6.2　PWV的变化特征 …………………………………………………（87）
6.3　建立降水云识别指标 ……………………………………………（89）
参考文献 ………………………………………………………………（94）

第1章 辽宁省典型天气系统云垂直结构模型

云的垂直结构(Cloud Vertical Structures,CVS)是非常重要的云宏观特征(Randall et al.,1989;Wang et al.,1998),云的结构特征与云辐射特性、云降水条件、降水机制、降水效率及人工增雨潜力等紧密相关(周毓荃 等,2011)。云降水的宏微观物理特征的观测和研究有助于建立典型的云降水多尺度结构模型(孙鸿聘 等,2011;王维佳 等,2011),对准确识别作业条件、有效捕获可播云区及科学实施人工播云催化尤为重要(周毓荃 等,2008)。

然而,在实际人工影响天气决策指挥的过程中,云垂直结构信息的获取都是比较困难的。以往的卫星和地面观测提供的云量垂直分布的信息非常有限,而在2006年4月美国国家航空航天局(Nathional Aeronautics and Space Administration,NASA)成功发射了太阳极轨云观测卫星 CloudSat,其上所搭载的94 GHz毫米波云观测雷达(Cloud Profile Radar,CPR)垂直分辨率非常高,为我们研究云的垂直结构提供了丰富的观测资料。CloudSat卫星能够连续而且准确地获得包括云量、云顶高度、云底高度、云层数以及特征层高度在内的许多云垂直结构信息,为更好地了解真实大气的云结构特征和云过程规律提供了帮助。

本章对辽宁省开展人工增雨作业的天气系统进行统计分类,分析典型天气系统控制下云的垂直结构特征,在此基础上建立人工增雨作业垂直结构模型。

1.1 人工增雨作业典型天气系统

归纳整理2006年以来开展人工增雨作业的降水天气过程,并认为期间的云系是适合开展作业的云系。参考田广元等(2007)的方法,综合利用2006—2015年3—11月辽宁省进行人工增雨作业期间的欧洲中期天气预报中心(European Center for medium-range weather forecasts,ECMWF)再分析资料及地面自动站降水资料,将每日分为4个时次,即02时、08时、14时和20时。不同时次均对应同时次的中层

(500 hPa)、低层(850 hPa)和地面的天气形势以及 6 h 累计降水量,分别将每个时次的 500 hPa 和 850 hPa 的位势高度场、风场、假相当位温(通过温度和相对湿度计算得来)、海平面的气压、风场和温度,以及 6 h 累计降水量一一对应画在同一张图上。对每一次天气过程,以降水开始时间起算过程开始时间,以降水结束时间作为过程结束时间,逐个分析过程中的各层次的天气形势和系统配置,根据影响降水的天气类型,对增雨过程进行归类。

2006—2015 年间进行的增雨过程一共有 225 次,根据 500 hPa 的天气系统类型把所有过程分为以下三类:西风槽型,共 130 次,占总次数的 57.9%;低涡型,共 91 次,占总次数的 39.8%;台风型,共 4 次,占总次数的 2.3%。由此可见,西风槽型和低涡型是两大主要类型。而对于这两类,在低层的影响系统又有不同。比如,在 850 hPa,影响系统可分为低槽、低涡和暖切变线;在地面,影响系统可分为地面气旋、冷锋、辐合线和倒槽,其中,地面气旋根据气旋源地的不同,还可分为生成自蒙古国的蒙古气旋、生成自我国华北及东北的华北及东北气旋、生成自我国黄淮、江淮地区的南方气旋。所以,根据低层影响系统的不同,又可进一步对西风槽型和低涡型分类,分类结果如表 1.1 所示。

表 1.1 辽宁省人工增雨天气类型明细表

序号	500 hPa(占比)	850 hPa(占比)	地面	占比(%)
1	西风槽型 (57.9%)	低槽(冷切变线) (19.1%)	冷锋	12.8
2			辐合线	5.7
3			倒槽	0.6
4		低涡 (33.0%)	蒙古气旋	13.5
5			华北及东北气旋	7.3
6			倒槽	2.3
7			南方气旋	9.9
8		暖切变线 (5.8%)	辐合线	4.5
9			倒槽	1.3
10	低涡型 (39.8%)	低涡 (31.0%)	蒙古气旋	19.6
11			冷锋	1.2
12			华北及东北气旋	5.6
13			倒槽	1.2
14			南方气旋	3.4
15		低槽(5.2%)	辐合线	5.2
16		暖切变线(3.6%)	辐合线	3.6
17	台风型(2.3%)	—	—	2.3

根据 500 hPa、850 hPa 和地面的配置,辽宁省人工增雨降水天气类型共有 17 种,其中总体所占比例超过 10% 的天气类型包括 3 种。当 500 hPa 为西风槽时,850 hPa 主要以低槽和低涡为主,而此两类天气系统影响下,地面又以冷锋、蒙古气旋以及南方气旋为主。当 500 hPa 为低涡时,850 hPa 也以低涡为主,而地面以蒙古气旋为主。鉴于部分天气系统的出现频率较低,本研究选取出现频率大于等于 2 次/a 的天气系统进行云垂直结构分析。符合条件的共有四种天气系统,为了简便,对此四种典型系统名称进行了简化,具体见表 1.2。

表 1.2 选取的天气系统及其简称

500 hPa	西风槽			低涡
850 hPa	低槽(冷切变线)	低涡		低涡
地面	冷锋	蒙古气旋	南方气旋	蒙古气旋
简称	CF	MCW	SC	MCV

1.2 典型天气系统云垂直结构特征

1.2.1 资料简介

卫星测量系统很难获得云和气溶胶特征,为此,美国宇航局启动"地球观测系统科学探路者"计划,于 2006 年 4 月成功发射了太阳极轨云观测卫星 CloudSat。卫星上搭载的唯一有效载荷为一部 94 GHz 毫米波云观测雷达(CPR),它是一部天底观测雷达,可以实现对云层垂直结构特征的全球观测。同时配合地球观测系统(Earth Observation System,EOS)的 A-Train 卫星集群中的其他卫星,如云-气溶胶激光雷达和红外探测卫星(The Cloud-Aerosol Lidar and Infrared Pathfinder Satellite Observation,CALIPSO),能够连续而且准确地获得包括云量、云顶高度、云底高度、云层数以及特征层高度在内的许多云垂直结构信息,这些信息在人工影响天气过程中起着非常重要的作用。CPR 的主要技术参数见表 1.3。CloudSat 卫星提供丰富的反演产品,有助于了解真实大气的云结构特征和云过程规律,提高对天气系统和云微物理结构认知。

在利用 CloudSat 卫星数据进行云分析时,使用 2006 年 6 月—2015 年 11 月辽宁省范围内(38°43′~43°26′N,118°53′~125°46′E)开展人工影响天气作业期间的 CloudSat 卫星产品,具体包括 2 级数据产品 2B-GEOPROF 数据以及 ECMWF-AUX 数据,数据可从官网(http://www.cloudsat.cira.colostate.edu/)上开放下载。

表 1.3 CPR 主要技术参数

特征参数(单位)	CPR
波长(μm)	3200
脉冲宽度(μs)	3.3/33.3
脉冲重复频率(Hz)	4300/800
雷达输出功率(W)	270(平均)
云粒子散射	瑞利散射/米散射
云粒子后向散射	$\propto D6/\propto D2$
云的衰减强	弱

在判断扫描格点中是否存在云时,使用的 2B-GEOPROF 产品中的 CPR_Cloud_mask 和 Radar_Reflectivity 数据。其中,CPR_Cloud_mask 的数据说明见表 1.4。Radar_Reflectivity 中所含的信息是雷达的反射率因子的对数表现值,单位为 dBZ,CPR 的最小可探测信号约为 -30 dBZ(Marchand et al.,2008)。综合以上,对云的识别选取的方法是当扫描数据格点上 CPR_Cloud_mask$\geqslant 20$,且 Radar_Reflectivity$\geqslant -30$ dBZ 时,认为该扫描格点有云存在,否则为无云。

表 1.4 CloudSat CPR_Cloud_mask 数据值说明及误判率(Marchand et al.,2008)

Mask 值	含义	误判率
-9	雷达数据缺失	—
5	强回波但可能为地物杂波	—
6~10	较若回波	50.0%
20	弱回波	16.0%
30	回波较强	<2.0%
40	强回波	<0.2%

1.2.2 云的出现频率

对四种天气系统控制下经过辽宁省的 CloudSat 卫星数据进行分析发现,4 层以上的云层出现频率较低(低于 1%),因此仅对 4 层及以下的云层进行了分析。分析发现,SC 控制时,辽宁省云的出现频率最高,为 81.46%,其次分别为 MCV、MCW 和 CF,其中 CF 影响下的云出现频率仅为 50.67%。图 1.1 给出了有云条件下,受四种天气系统影响的不同层数云天的出现频率,可以看出,单层云的出现频率较多层云高,其中受 CF 控制时,单层云的出现频率均最高,为 87.94%,其次为 MCW 和 MCV,分别为 79.00% 和 74.20%,SC 较低,为 65.64%。多层云中主要以双层云为主,云层出现的频率随云层数目的增加而减小,其中,SC 控制下,双层云的出现频率最高,为 23.11%;CF 控制下,双层云的出现频率最小,仅为 9.39%。

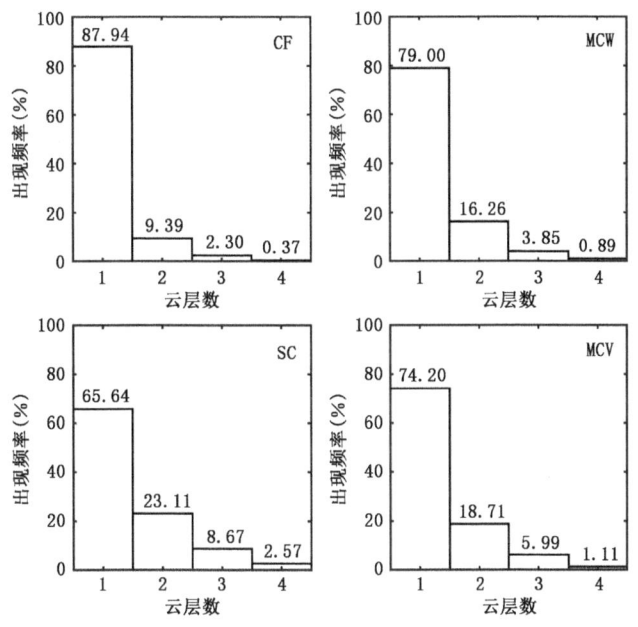

图 1.1　有云条件下受不同天气系统影响的辽宁省云层出现频率

1.2.3　云垂直结构特征

1.2.3.1　云层的垂直结构特征

图 1.2 给出了四类天气系统影响下云层的平均分布特征。就单层云而言,除 SC 的云底高度较低外(1.84 km),其他系统影响下的云底高度均在 3.00 km 以上,尤其是 MCW 的平均云底高度高达 5.50 km(表 1.5)。单层云的平均云顶高度均较高,尤其是 SC 影响下单层云的云顶高可以达到 9.61 km,其次分别为 MCW、MCV 和 CF,云顶高度值分别为 8.46 km、8.28 km 和 7.71 km,由此可知 SC 影响下单层云最为深厚,平均值高达 7.77 km,而 MCW 最小,为 2.96 km。为方便分析多层云中不同层次云层的分布特征,对云层自下而上进行编号,其中,底层云为 L1,向上依次分别为 L2、L3、L4……对多层云而言,SC 影响下 L1 的云底高度最低,而 MCW 的云底普遍较高,CF 和 MCV 影响下 L1 的云底高度差别不大。为对比四种天气系统云底的发展高度,对四种天气系统影响下高、中、低云的出现频率进行了分析,其中高云云底高度在 6.00 km 以上,低云云底高度通常在 2.50 km 以下,而中云介于两者之

间(这里使用的云底高度仅适用于中纬度地区),发现 MCW 的中、高云出现频率均是最高的,分别为 30.69% 和 48.91%,而 CF 的影响下的中云频率仅为 10.79%,低云较高云出现比例偏高约 8.00%,SC 影响下低云的出现频率最高(50.36%),中云的出现比例较高云低;而 MCV 影响下除中云比例稍低外(26.32%),低云和高云的出现比例相差不大。比较多层云中顶层云的云顶高度可知,SC 影响下顶层云的云顶高度均高于其他影响系统下的相同层次的云层,因此 SC 影响下云层的平均厚度也要高于其他云层。除此之外,可以看出,相同层次云层的高度一般随云层数目的增加而降低,而顶层云的云顶高度则相反,具体数值见表 1.5。

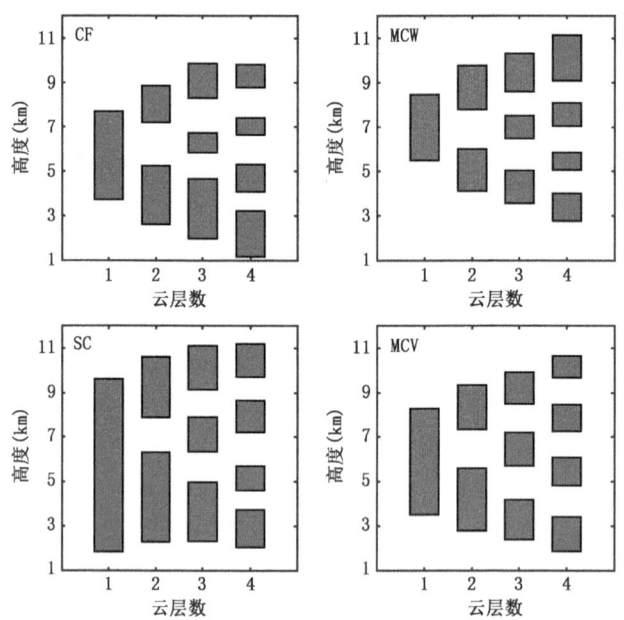

图 1.2 不同天气系统影响下云层平均分布

表 1.5 不同天气系统影响下云层的平均高度(km)

云层数目	云层次	位置	CF	MCW	SC	MCV
单层云	L1	云底	3.73	5.50	1.84	3.51
		云顶	7.71	8.46	9.61	8.28
双层云	L1	云底	2.61	4.12	2.29	2.80
		云顶	5.25	5.99	6.30	5.60
	L2	云底	7.21	7.80	7.88	7.34
		云顶	8.86	9.76	10.60	9.35

续表

云层数目	云层次	位置	CF	MCW	SC	MCV
三层云	L1	云底	1.98	3.56	2.32	2.41
		云顶	4.66	5.04	4.98	4.19
	L2	云底	5.84	6.47	6.34	5.72
		云顶	6.72	7.52	7.89	7.19
	L3	云底	8.31	8.60	9.15	8.51
		云顶	9.85	10.30	11.10	9.91
四层云	L1	云底	1.17	2.76	2.05	1.86
		云顶	3.22	4.00	3.73	3.41
	L2	云底	4.08	5.07	4.61	4.83
		云顶	5.31	5.84	5.70	6.08
	L3	云底	6.64	7.04	7.21	7.25
		云顶	7.42	8.09	8.65	8.47
	L4	云底	8.79	9.09	9.70	9.67
		云顶	9.81	11.13	11.19	10.64

注：L1、L2、L3、L4 分别表示多层云中不同层次的云层，其中，L1 为底层云，向上依次为 L2、L3、L4。下同。

为了解不同天气系统控制下不同高度上云的分布状况，对不同层次云的归一化出现频率随高度的变化进行了计算，公式为：

$$Freq_{Li}(h) = \frac{N_{Li}(h)}{\sum_{h=0}^{h=15} N_{Li}(h)} \times 100\% \tag{1.1}$$

式中，$Freq(h)$ 为云层在高度 h 处的出现频率，Li 代表是第 i 层云（$i=1,2,3,4$），N_{Li} 为 Li 层云在 $h\pm0.5$ 范围内的个数，其中 h 取值分别为 $0,1,2,\cdots,15$。

图 1.3 给出了不同天气系统影响下不同层次云层的出现频率随高度的分布。由图可知，不同天气系统下单层云在不同高度上的频率分布差别较大，其中，CF 影响下的单层云频率分布为双峰分布，峰值频率分别为 10.80% 和 10.83%，而峰值频率所在高度分别为 2 km 和 8 km。MCW 和 MCV 影响下，单层云频率分布均为单峰分布，峰值频率分别为 11.75% 和 11.07%，而峰值高度分别为 9 km 和 7 km。SC 影响下的单层云频率分布在 1~9 km 变化不大，出现频率均在 9% 上下。尚博等（2012）指出，降水云的云底高度一般低于 2 km，因此对云底高度低于 2 km 的云出现频率统计发现，CF、MCW、SC 和 MCV 影响下，云底高度低于 2 km 的云层分别为 55.89%、22.21%、81.36% 和 45.43%。

多层云的出现频率（图 1.3(e) 和 (p)）基本也呈单峰分布。但相同层次云层的峰值高度基本随云层数目的增加而保持不变或者降低，而峰值频率则相反。

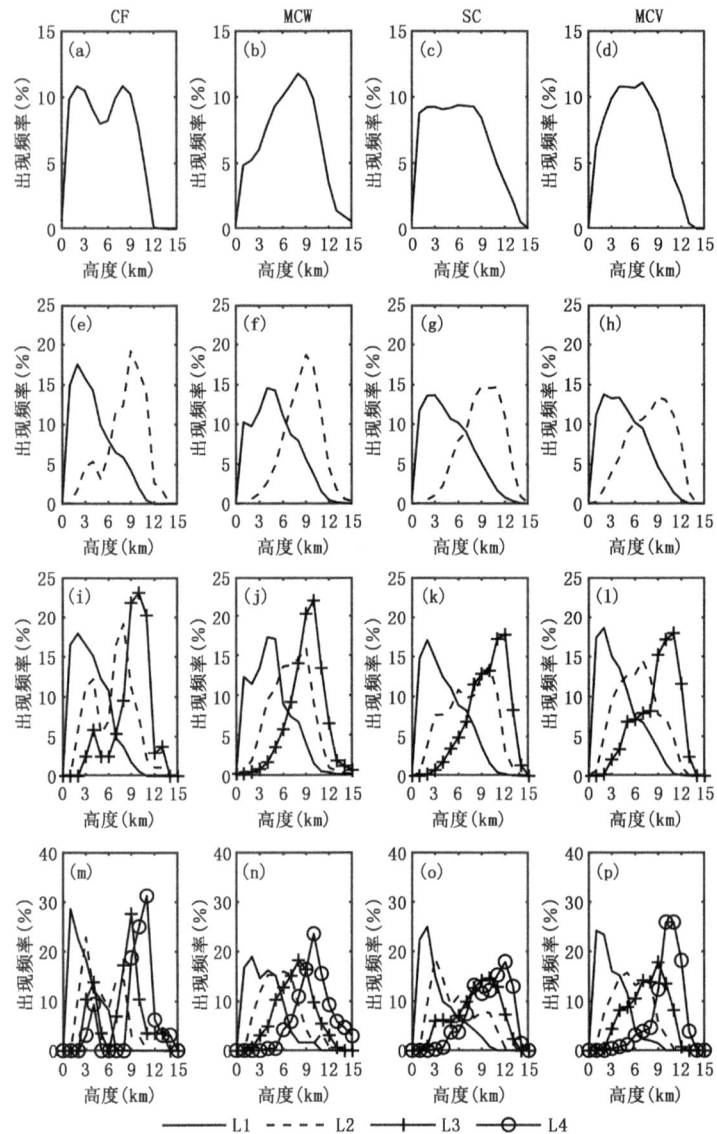

图 1.3 辽宁省不同天气系统影响下不同层次的云层出现频率随高度的变化
(a)—(d)单层云;(e)—(h)双层云;(i)—(l)三层云;(m)—(p)四层云

对不同天气系统下所有云层的出现频率随高度的变化(图 1.4)进行分析可知,由于单层云的出现频率很高,所以云层的整体频率分布同单层云的出现频率随高度的变化相差不大,但是峰值频率较单层云偏低。由图 1.4 可以看出,MCW 影响下云层在高层出现的频率更高,因此云层高度较高。

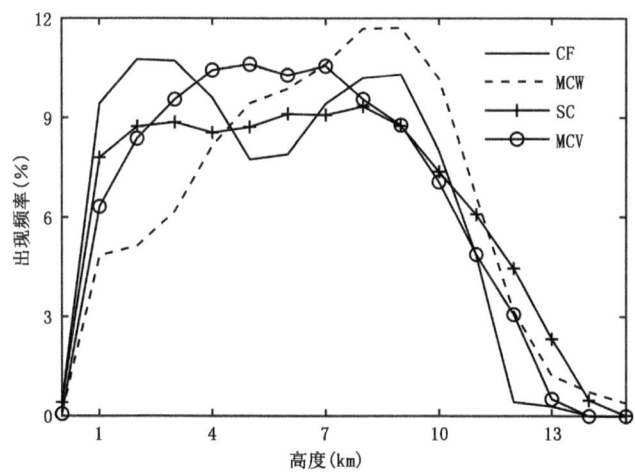

图 1.4　不同天气系统影响下云层的平均出现频率

Wang 等(1998)在分析云垂直结构对大气环流的影响时指出,云的垂直结构参数,包括最上层云顶的高度、多层云中云层之间的距离即云夹层的厚度以及云是否重叠,是影响大气环流的重要因素。而且,由于云夹层内相对湿度较低,会导致降落下来的雨滴或冰晶在云夹层中蒸发或升华,不利于降水云的发展,因此云夹层的厚度对于决定模式的垂直分辨率具有指示意义,也是人工增雨作业必须考虑的关键因素。表 1.6 给出了辽宁省不同天气系统影响下云夹层厚度的统计特征,可以看出,双层云中,云夹层的平均厚度主要在 1.58~1.96 km 之间,其中 CF 的云夹层厚度最大,而 SC 的云夹层厚度最小。三层云的云夹层厚度较双层厚度要小,均值在 1.09~1.60 km 之间,而四层云的云夹层厚度更小,均值在 0.86~1.51 km 之间。由此可知,随着云层数目的增加,云夹层的平均厚度减小,这与多层云中相同层次的云出现频率的峰值高度随云层数的增加而减小有关。

表 1.6　辽宁省不同天气系统影响下的云夹层平均厚度(km)

云层数目	各云层间距	CF	MCW	SC	MCV
双层云	L2—L1	1.96	1.81	1.58	1.74
三层云	L2—L1	1.18	1.43	1.37	1.53
	L3—L2	1.60	1.09	1.26	1.32
四层云	L2—L1	0.86	1.06	0.88	1.41
	L3—L2	1.33	1.21	1.51	1.17
	L4—L3	1.37	0.99	1.05	1.20

注:L2—L1、L3—L2、L4—L3 分别代表多层云中第 2 层云与第 1 层云的间距、第 3 层云与第 2 层云的间距、第 4 层云与第 3 层云的间距,其中,L1 为最接近地面的云层即第 1 层云。下同。

统计发现,50%以上的云夹层厚度小于 1 km,而且随着云层数目的增加,小于 1 km 的云夹层厚度所占的比例也有所增加。尤其是 CF 影响下三层云及四层云中云夹层厚度小于 1 km 的比例达到 70%以上。其他天气系统影响下云夹层厚度小于 1 km 的比例均在 50%~70%之间。

1.2.3.2 冷云的垂直结构特征

冷云是指云顶温度低于 0 ℃的云。对四种天气系统控制下的云层进行分析发现,有云条件下,冷云的出现频率显著高于暖云,其中,MCW 和 SC 影响下冷云的出现频率相差不大,分别为 92.58%和 92.92%,其次分别为 MCV 和 CF,相应的冷云出现频率分别为 84.28%和 79.56%。

对四种天气系统影响下,冷云的云层数目进行统计,结果见图 1.5。冷云中都存在四层云,有云条件下,冷云中单层云的云层出现频率也最大,达到 60%以上。其中,CF 影响下单层冷云的出现频率最高,可以达到 80.69%;MCW 和 MCV 影响下冷云的出现频率相差不大,分别为 72.85%和 71.38%;SC 影响下冷云的出现频率最低,为 60.03%。多层云中依旧以双层云为主,除 CF 影响下双层冷云的出现频率仅为 16.01%外,MCW 和 MCV 影响下双层冷云的出现频率相差不大,分别为 21.96%和 23.23%,SC 影响下双层冷云出现的频率为 29.22%。而且相比其他三种天气系统,SC 影响下多层冷云的出现频率均较高。

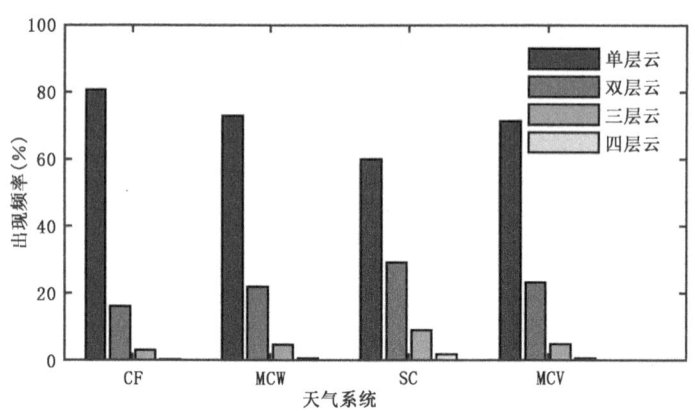

图 1.5 辽宁省不同天气系统影响下不同层数的冷云出现频率

对不同天气系统影响下冷云的垂直分布特征(图 1.6)进行分析可知,冷云的云层位置显著高于暖云。就单层冷云而言,SC 的云底高度也是最低的,仅为 2.06 km,其次为 MCV、CF 和 MCW,云底高度分别为 3.90 km、4.50 km 和 5.73 km。而平均云顶高度普遍高于 8 km,SC 的平均云顶高度最高为 10.06 km,其他三类云顶高度相差不大,主要在 8.8 km 左右。因此,SC 影响下单层云的云厚最大,为 8 km,而 MCW 影响下单层云云厚最小,为 3.13 km。

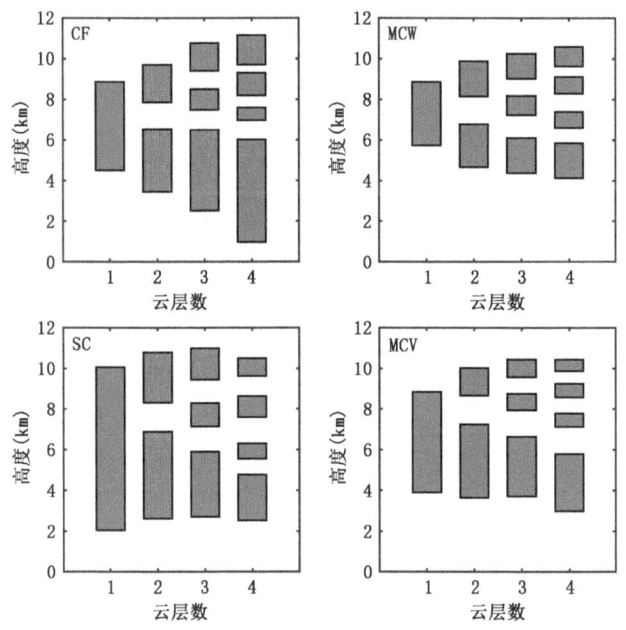

图 1.6　辽宁省不同天气系统影响下冷云的垂直分布特征

除 CF 外,多层冷云中随云层数目的变化,L1 的云底高度变化并不显著。CF 影响下,L1 的云底高度随云层数目的增加下降较大,单层云 L1 的云底高为 4.50 km,而四层云的云底高仅为 0.97 km。其他三类,除 SC 影响下的 L1 的云底高度在 2.06 km 左右外,MCW 和 MCV 影响下的 L1 的云底高度均在 3 km 以上。对四种天气系统影响下,L1 的云底高度＜2 km 的云层进行统计发现,CF、MCW、SC 和 MCV 中分别有 29.42%、17.88%、61.86% 和 34.36% 的云底高度低于 2 km。

对多层冷云中顶层云的云顶高度而言,除 SC 影响的多层云外,其他三类云层顶层云的云顶高度基本也随云层数目的增加而增加,但多层冷云的平均云层厚度则相反,具体数值见表 1.7。其中,SC 影响下的冷云发展得均较为旺盛。对比多层云的云层厚度,MCW 影响下多层冷云的云层均较薄,双层云、三层云及四层云的平均云厚分别为 1.91 km、1.29 km 和 1.07 km,而 SC 影响下多层冷云的云层均较厚,分别为 3.34 km、1.95 km 和 1.22 km。

同样,利用公式(1.1)的方法计算了四种天气系统控制下不同层次的冷云出现频率随高度的变化情况。由于冷云较高的出现频率,因此冷云出现频率随高度的变化同所有云层的平均结果相似(图 1.7),此处不再赘述。

表 1.7　辽宁省不同天气系统影响下冷云的平均位置(km)

云层数目	云层次	位置	CF	MCW	SC	MCV
单层云	L1	云底	4.50	5.73	2.06	3.90
		云顶	8.86	8.86	10.06	8.84
双层云	L1	云底	3.45	4.66	2.64	3.64
		云顶	6.52	6.76	6.87	7.23
	L2	云底	7.86	8.15	8.32	8.67
		云顶	9.69	9.87	10.77	10.02
三层云	L1	云底	2.53	4.36	2.72	3.72
		云顶	6.48	6.09	5.90	6.64
	L2	云底	7.48	7.23	7.13	7.94
		云顶	8.50	8.18	8.30	8.75
	L3	云底	9.40	9.02	9.45	9.58
		云顶	10.76	10.23	10.97	10.44
四层云	L1	云底	0.97	4.12	2.54	3.00
		云顶	6.01	5.83	4.77	5.79
	L2	云底	6.97	6.58	5.56	7.11
		云顶	7.59	7.38	6.31	7.77
	L3	云底	8.19	8.28	7.59	8.58
		云顶	9.30	9.10	8.64	9.25
	L4	云底	9.70	9.62	9.63	9.87
		云顶	11.14	10.57	10.49	10.44

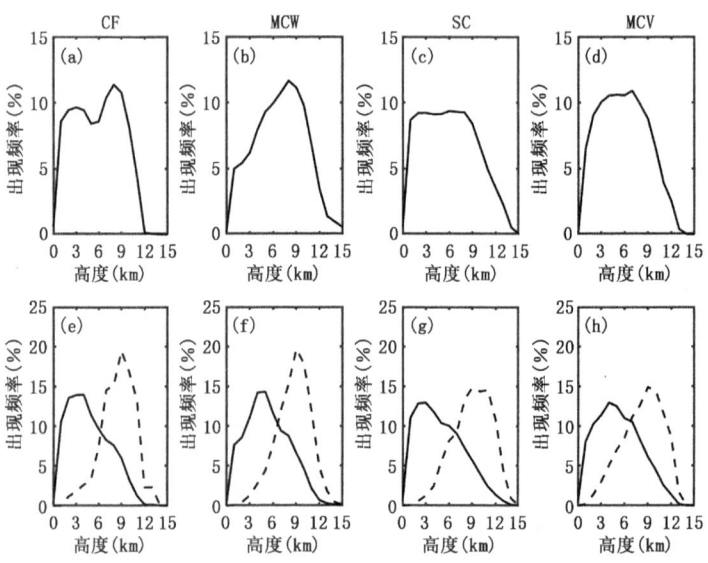

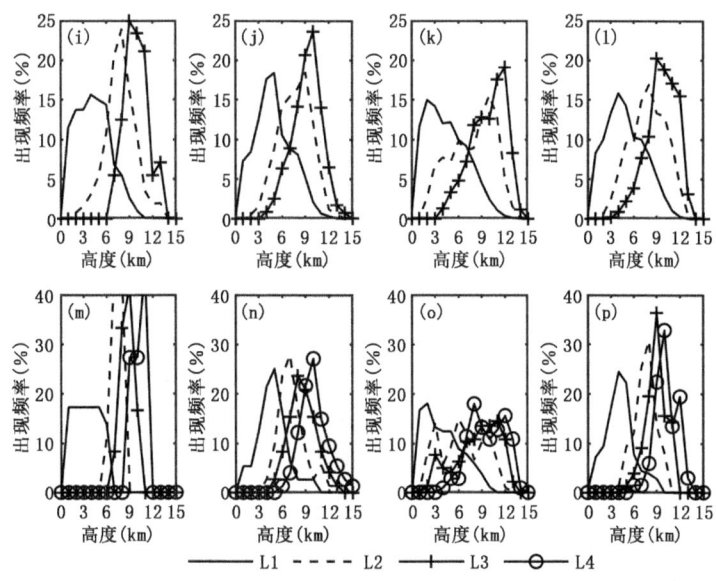

图 1.7 辽宁省不同天气系统影响下冷云出现频率随高度的变化
(a)—(d)单层云;(e)—(h)双层云;(i)—(l)三层云;(m)—(p)四层云

对冷云中多层云的云夹层平均厚度进行分析(表 1.8)可知,冷云中云夹层的厚度明显高于暖云,其中双层云中云夹层的平均厚度在 1.33～1.45 km 之间,三层云中云夹层的平均厚度在 0.82～1.30 km 之间,而四层云中云夹层的平均厚度在 0.41～1.28 km 之间。尤其是 CF 影响下三层及四层云中云夹层平均厚度<1 km 的比例达到 60%以上。其他天气系统影响下云夹层厚度<1 km 的比例均在 50%～60%之间。

表 1.8 辽宁省不同天气系统影响下冷云的云夹层平均厚度(km)

云层数目	各云层间距	CF	MCW	SC	MCV
双层云	L2—L1	1.33	1.38	1.45	1.44
三层云	L2—L1	1.00	1.14	1.23	1.30
	L3—L2	0.90	0.84	1.15	0.82
四层云	L2—L1	0.96	0.75	0.78	1.32
	L3—L2	0.60	0.90	1.28	0.81
	L4—L3	0.41	0.52	0.99	0.62

1.2.3.3 暖云的垂直结构特征

暖云是指云顶温度高于 0 ℃的云层。对所选天气系统影响下,辽宁省的暖云出现频率进行分析发现,暖云的出现频率较冷云明显偏低。其中,CF 天气系统控制下,暖云的出现频率较大,为 20.44%,其次分别为 MCV、MCW、SC,MCV 影响下暖云出现频率为 15.72%,MCW 和 SC 影响下暖云出现频率均较低,仅为 7.42% 和 7.08%。

  四种天气系统影响下,暖云的云层数目最大为 3 层(图 1.8)。同样,有云条件下,暖云中单层云的云层出现频率也最大,高达 80% 以上。多层暖云中依旧以双层云为主,其中 CF 和 SC 的出现频率较高,分别为 11.87% 和 13.64%,而 MCW 和 MCV 影响下的双层云出现频率分别为 8.53% 和 10.94%。三层暖云的出现频率普遍较小(<2%)。

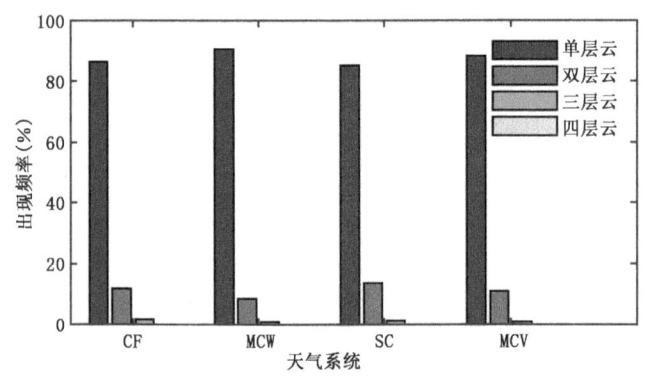

图 1.8 辽宁省不同天气系统影响下不同层数的暖云出现频率

  图 1.9 给出了四种天气系统控制下辽宁省暖云的平均分布特征,可以看出,对暖云而言,云层的平均位置分布较低,平均高度均低于 5 km,云层厚度大多小于 1 km。为了更方便地比对各天气系统下暖云位置分布的差异,表 1.9 给出了不同天气系统控制下云层平均分布值。可以看出,就单层云而言,CF 影响下,单层暖云的云底较低而云顶较高,平均云层厚度可以达到 1.25 km,而其他天气系统下的云层平均厚度普遍小于 1 km,尤其是 MCW 单层云的平均云厚仅为 0.51 km。就多层云而言,云层的平均厚度随云层数目的增加而降低,CF、MCW、SC 及 MCV 中双层云的平均云

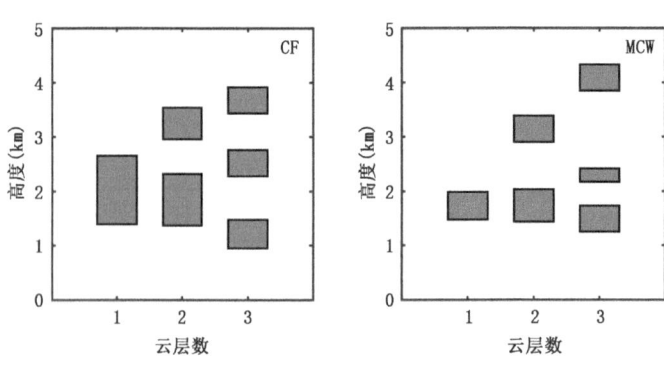

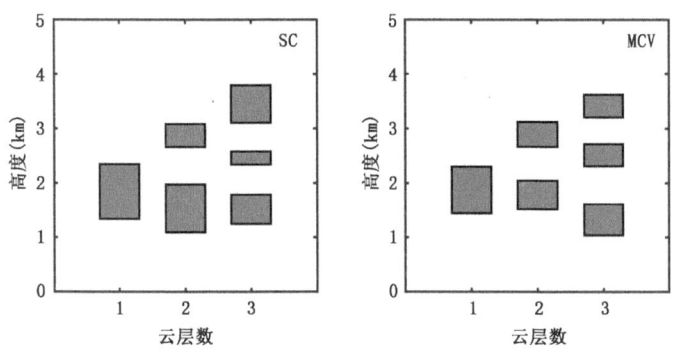

图 1.9 辽宁省不同天气系统影响下暖云的平均分布特征

表 1.9 辽宁省不同天气系统影响下暖云的平均位置(km)

云层数目	云层次	位置	CF	MCW	SC	MCV
单层云	L1	云底	1.40	1.48	1.34	1.44
		云顶	2.65	1.99	2.34	2.30
双层云	L1	云底	1.37	1.44	1.09	1.51
		云顶	2.32	2.03	1.97	2.04
	L2	云底	2.96	2.90	2.66	2.67
		云顶	3.54	3.38	3.08	3.12
三层云	L1	云底	0.95	1.25	1.24	1.04
		云顶	1.48	1.73	1.78	1.60
	L2	云底	2.28	2.17	2.34	2.31
		云顶	2.76	2.41	2.58	2.71
	L3	云底	3.44	3.85	3.10	3.20
		云顶	3.92	4.33	3.79	3.62

厚分别为 0.76 km、0.54 km、0.65 km 和 0.49 km,而三层云的平均云厚分别为 0.50 km、0.40 km、0.49 km 和 0.46 km。而且,顶层云的云顶高度随云层数目的增加而升高,这与彭杰等(2013)、李积明等(2009)的研究结果一致。

图 1.10 给出了不同天气系统下不同云层数目的暖云出现频率随高度的变化情况。可以看出,就单层云而言(图 1.10 (a)—(d)),随着高度的增加,暖云的出现频率同样先增加随后迅速降低,峰值高度均为 1 km。多层暖云中(图 1.10 (e)—(l)),随着云层数目的增加,相同层次的云层在低层出现的频率增大,而且谱宽变窄。

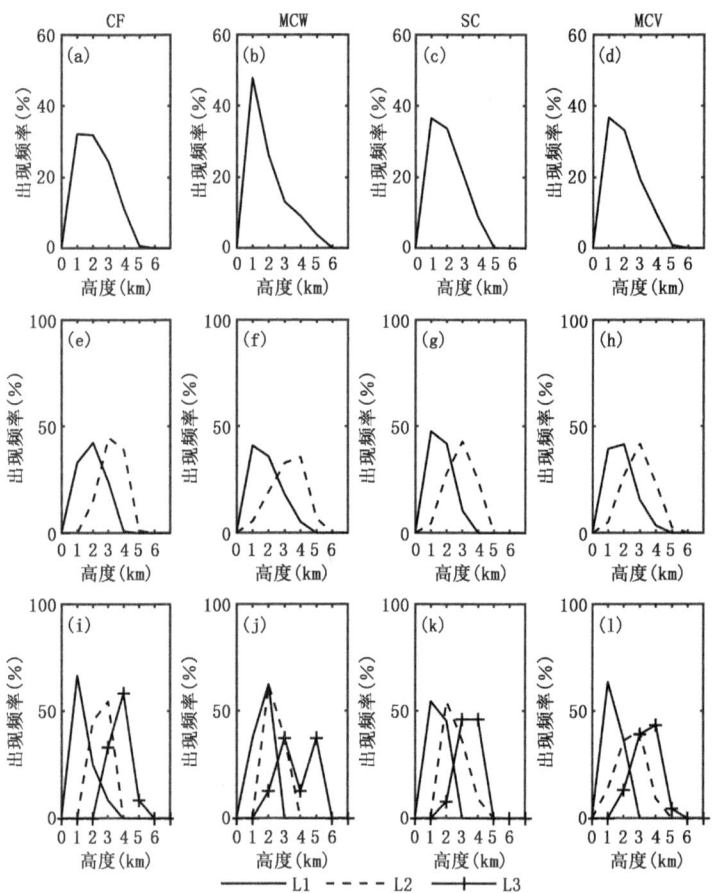

图 1.10 辽宁省不同天气系统影响下暖云出现频率随高度的变化
(a)—(d)单层云;(e)—(h)双层云;(i)—(l)三层云

表 1.10 给出了四种天气系统影响下暖云云夹层的厚度分布状况。除 MCW 控制下三层云中 L2 与 L3 之间的云夹层稍厚外,其他云层间距都小于 1 km,主要在 0.44~0.87 km 之间。可以看出,不同天气系统影响下,暖云的云夹层厚度没有一致的变化规律。

表 1.10 辽宁省不同天气系统影响下暖云的云夹层厚度(km)

云层数目	各云层间距	CF	MCW	SC	MCV
双层云	L2—L1	0.64	0.87	0.69	0.62
三层云	L2—L1	0.80	0.44	0.55	0.70
	L3—L2	0.68	1.44	0.52	0.49

1.3 人工增雨作业垂直结构模型

在20世纪70—80年代,胡志晋(1979)讨论了降水形成机制及播撒盐粉的增雨效应,认为云厚是关键,要求云厚>1 km,从而可以通过随机碰并产生雨滴。于翡等(2009)研究表明,在云厚>2 km的暖性降水积层混合云较有潜力。刘贵华等(2011)研究认为,适宜过冷层状云人工增雨作业条件的云厚达2 km以上。欧建军(2011)发现,降水云的云底高度一般<2 km,云厚>3 km。尚博(2011)研究发现,降水云云底高度<2 km,单层降水云云厚>6 km为主,多层降水云云厚以2~4 km为主,夹层厚度1~2 km。基于以上的研究结果,将辽宁省作业云系的特征指标定为云底高度≤2 km,云厚≥2 km,夹层厚度≤1.5 km,从而为分析作业云系特征提供参考。

参照赵姝慧等(2014)的分析方法,利用云层数(以S代表单层、D代表双层、T代表三层)、云层高度(以H代表高、M代表中、L代表低)、云层性质(以C代表冷云、W代表暖云)对符合条件的云层分布及特征层高度进行了分析。考虑到统计代表性,仅对符合条件的廓线数目>100的进行了分析。分析发现,两种方法给出的作业云系垂直结构相差不大,考虑云夹层厚度的条件下,MCW中作业云系仅比不考虑云夹层厚度的情况下少了双层云底层低冷云顶层高冷云(DLHCC),而且可以看到该类云中(如图1.11所示),低层云的云顶高度可以达到6 km以上。对两种方法识别降水云的准确率进行计算发现,考虑云夹层时降水云的判断准确率、漏报率与空报率分别为89.0%、7.9%和3.1%,而不考虑云夹层时分别为85.4%、2.3%和7.7%。由此可知,当降水云系发展充分时,夹层对降水的影响很小。不考虑云夹层厚度对降水的影响,对四种天气系统影响下符合条件的云型进行统计发现,共有4种云型可被视为作业云系,分别为单层低冷云(SLC),双层云底层低冷云顶层中冷云(DLMCC),双层云底层低冷云顶层高冷云(DLHCC),以及三层云底层低冷云中层和高层均为高冷云(TLHHCCC)。其中,CF影响下只有SLC一种云型,SC影响下四种云型都存在,而MCW和MCV影响下作业云系除SLC外,还有DLHCC两种云型。有云条件下,CF、MCW、SC和MCV符合条件的作业云系的比例分别为29.0%、14.5%、59.7%和29.8%。

图1.11给出了符合条件的作业云系的垂直分布情况以及特征温度(0 ℃、−7 ℃、−15 ℃)层所在的高度分布,可以看出,符合条件的云层均为冷云,其中SLC的云层厚度普遍较厚,云底高度均在1 km左右,云顶高度在7 km以上,而双层云中底层云的云层厚度均较顶层云大,三层云也是如此。

将特征温度层所在的高度与云层的垂直分布相结合,可以为判断作业高度以及选择催化剂类型提供参考。如图1.11所示,除SC影响下的DLMCC中云层在

−7 ℃与−15 ℃之间存在夹层外,其他云型的底层云均能发展到−15 ℃以上,因此在降水云中,云夹层对于催化作业的效果影响不大。0 ℃主要在 3.5 km 以下,而−7 ℃的高度基本在 4.0 km 以上,−15 ℃主要在 7.0 km 以下。在进行作业设计时,可以考虑在 3.5～4.0 km 高度的云层内播撒致冷剂进行冷云催化,在 4.0～7.0 km 的云层内使用人工冰核进行冷云催化,而对 3.5 km 以下的暖云区内使用暖云催化剂,如吸湿性巨核或者暖云烟条,进行播撒,作业云系的特征参数具体见表 1.11。

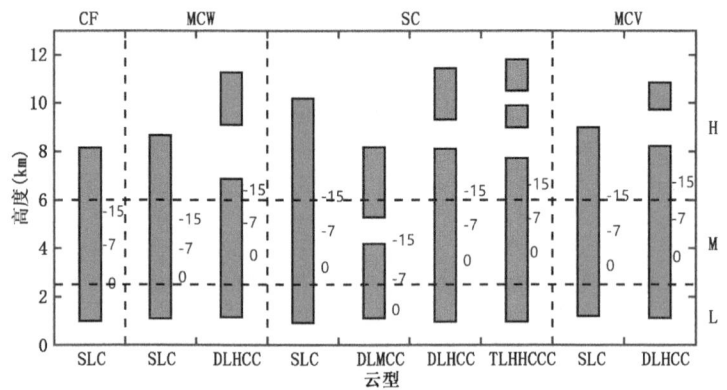

图 1.11 不同天气系统影响下符合条件的云层垂直分布及特征温度层所在高度示意图
(CF 代表冷锋,MCW 代表蒙古气旋,SC 代表南方气旋,MCV 代表低涡蒙古气旋;SLC 代表单层低冷云,DLHCC 代表底层低冷云顶层高冷云,DLMCC 代表底层低冷云顶层中冷云,TLHHCCC 代表底层低冷云中层高冷云和高层高冷云。下同)

表 1.11 不同天气系统影响下符合条件(云底高度≤2 km,云厚≥2 km,夹层厚度≤1.5 km)个例的特征层高度(km)

天气系统	云型	云层次	云底高	云顶高	夹层厚度	特征层高度		
						0 ℃	−7 ℃	−15 ℃
CF	SLC	L1	0.99	8.15	—	2.56	4.17	5.55
MCW	SLC	L1	1.09	8.67	—	2.82	4.01	5.25
SC	SLC	L1	0.91	10.18	—	3.24	4.74	6.18
	DLMCC	L1	1.10	4.29		1.47	2.78	4.36
		L2	5.15	8.07	0.86			
	DLHCC	L1	0.88	8.94		3.51	5.00	6.41
		L2	9.62	11.51	0.68			
	TLHHCCC	L1	0.90	8.16		3.85	5.28	6.67
		L2	8.96	9.87	0.80			
		L3	10.50	12.01	0.63			
MCV	SLC	L1	1.19	8.99	—	3.31	4.74	6.21
	DLHCC	L1	1.14	8.83		3.66	5.25	6.77
		L2	9.49	10.46	0.66			

注:CF、MCW、SC、MCV、SLC、DLMCC、DLHCC、TLHHCCC 意义同图 1.11。

1.4 本章小结

利用 Cloudsat 卫星分析了四种典型天气系统下辽宁省云垂直结构。研究发现，不同天气系统影响下云层均以单层云为主，多层云中以双层云为主，云层出现频率随云层数目的增加而降低；单层云的云层厚度较多层云厚度大，其中 SC 影响下单层云的平均云厚高达 7.77 km，MCW 影响下单层云平均云厚最薄，仅为 2.96 km。而且，随着云层数目的增加，相同层次的云层在低层出现的频率更大；有云条件下，暖云的出现频率（<21%）明显低于冷云，暖云主要出现在 5 km 以下，而冷云可以发展到较高的高度；四种天气系统中，CF 影响下中云出现频率最低（10.79%），MCW 影响下中、高云出现频率最高（分别为 30.69% 和 48.91%），SC 影响下低云的出现比例最高（50.36%），而 MCV 影响下除中云出现频率稍低外（26.32%），低云和高云的出现频率相差不大，因此 MCW 的云底位置较高。相比其他系统，SC 影响下的云层发展得较为旺盛，云底较低而云顶较高，云层较深厚；云夹层厚度大多（>50%）在 1 km 以下，而且随着云层数目增加，低于 1 km 的云夹层所占的比例增加。

将辽宁省作业云系的特征指标定为云底高度≤2 km，云厚≥2 km，夹层厚度≤1.5 km，并利用云层数、云层高度（高、中、低云）、云层性质（冷云、暖云）对符合条件的云层分布及特征层高度进行分析，可以发现，辽宁省可被视为作业云系的 4 种类型，分别为单层低冷云、双层云底层低冷云顶层中冷云、双层云底层低冷云顶层高冷云、三层云底层低冷云中层和高层均为高冷云。其中，CF 和 MCW 均只有单层低冷云一种云型，SC 影响下 4 种云型都存在，而 MCV 除了有单层低冷云外，还有双层云底层低冷云顶层高冷云 2 种云型；各系统影响下均以单层低冷云为主，平均云底高度低于 1 km，而平均云顶高度可以超过 7 km。除双层云低层低冷云顶层中冷云外，底层云均可以发展到 $-15\ ℃$ 层以上，因此可以考虑在 $-7\sim0\ ℃$ 之间的云层内利用致冷剂催化，在 $-15\sim-7\ ℃$ 之间的云层内选择人工冰核或者致冷剂进行催化，而在 $0\ ℃$ 以下云层内进行暖云催化。针对双层云低层低冷云顶层中冷云的云型，云夹层的位置在 $-15\sim-7\ ℃$ 之间，而且顶层云的云底高度比 $-15\ ℃$ 高，因此催化作业也仅限制在底层云内进行，同其他云型一样在 $0\ ℃$ 以下云层进行暖云催化，$-7\sim0\ ℃$ 可以利用致冷剂催化，而 $-7\ ℃$ 以上底层云内进行人工冰核或者致冷剂催化。

第 2 章　基于探空资料的云识别特征

湿度是气象领域一个基础而又非常重要的物理量,在降水预报、雾霾预报、云识别和气象服务等方面都起着至关重要的作用(秦琰琰 等,2006;叶成志 等 2009;丁一汇 等,2010)。探空湿度数据的测量准确性不仅会影响各种预报的准确性,还将直接影响云识别以及基于探空湿度资料构建的全球云数据集的准确性。

探空数据作为气象部门一项已经长期业务化运行的观测手段,可以获取不同高度上气象要素的垂直廓线。已有很多学者利用探空数据对云识别及云垂直特征展开了研究,常用的方法包括温度露点差法、相对湿度阈值法以及温度与相对湿度的二阶导数法(Poore et al.,1995;Wang et al.,1995;Chernykh et al.,1996)。随着我国 L 波段高空探测系统的业务化布设,国内学者也逐步开展了一些利用探空资料分析云垂直结构特征的研究,大多基于相对湿度阈值法展开(Zhang et al.,2012;蔡淼 等,2014)。

本章首先介绍了国内外几种常见的探空仪并阐述了探空仪器湿度测量误差的研究现状及其对云识别准确性的影响,然后利用相对湿度阈值法(蔡淼 等,2014)统计分析了云的垂直分布特征。

2.1　探空仪及其湿度测量误差简介

2.1.1　探空仪简介

2.1.1.1　探空仪的类型

芬兰 Vaisala 公司的探空仪占国际市场近 7 成,被世界公认为技术水平较高的。公司创始人 Vaisala 教授于 20 世纪 30 年代发明该公司第一台机电式探空仪,该公司于 20 世纪 80 年代生产了模拟电子探空仪 RS80,90 年代后期推出模拟式 RS90 探空仪,2001年推出数字式RS92探空仪(Suortti et al.,2008),标志着Vaisala公司的探空仪技术发展到了新的水平,探空系统和探空仪完全实现了数字化(马舒庆 等,2005)。目前,该公司已经发展了常规探空仪、下投探空仪和特种探空仪等一系列产品,在多个国家气象探测及污染监测等多个领域得到了广泛应用。我国从1956年生产首批国产GZZ1型梳齿式电码式探空仪,经不断发展,推出电子模拟式探空仪、电子数字式探空仪,从59型机械探空仪到L波段雷达数字探空仪,以及目前已在研制的GNSS探空仪、北斗探空仪,探空数据的质量和精度以及探测系统的自动化程度都在不断提高。据了解,国外开展湿度测量的探空仪还有瑞士Snow White的冷镜式露点仪、美国CFH(Cryogenic Frostpoint Hygrometer)霜点式湿度仪和VIZ-B2型探空仪、德国的Graw G型探空仪、法国的Modem探空仪、南非的Inetmet探空仪、俄罗斯的Meteorit MARZ2-2型探空仪、日本的Meisei RS-016型探空仪、韩国的JingYang探空仪和芬兰的Sippican MARKⅡ型探空仪等类型(李伟 等,2010;唐南军,2013)。

2.1.1.2 探空仪的湿度传感器及性能

探空的湿度数据是通过湿度感应元件获取,而数据的质量则取决于湿度感应元件的性能和数据的订正技术等方面(马舒庆 等,2005)。RS80是20世纪80—90年代国际上广泛使用的探空仪,其湿度测量使用的是薄膜电容传感器,通过测量电容变化转化为相对湿度,测量范围是0~100%,测量误差为2%~3%(Miloshevich et al.,2001)。RS90探空仪在1997—2005年间被广泛使用,湿度传感器采用H型薄膜电容器,预加热双传感器设计交替加热,大大降低了时间延迟误差。RS92探空仪在2005年以后被逐步应用,湿度传感器采用双加热薄膜电容器,同样采用了预加热双传感器设计,湿度测量的灵敏性和准确度进一步提高,相对湿度测量分辨率1%,定标一致性2%,测量不确定性小于5%(Miloshevich et al.,2009)。根据2010年世界气象组织(World Meteorological Organization,WMO)对多种探空仪的对比验证实验结果,RS92型探空仪是当前国际上应用广泛、气象要素测量精度最高的一种探空仪(朱彦良 等,2012)。由于RS92探空仪代表了当今探空仪的较高水平,通常可以作为比对标准用来评估其他探空仪的性能(赵世军 等,2012)。芬兰Vaisala公司的高空探测核心技术是传感器和探空仪的标校技术,它的这两项技术在全球独具特色。在进行标校时,将探空仪的测量单元(包括测量电路和传感器)放入测试箱体一并完成标校。完成一批探空仪测量单元的标校约需10 h,标校工作效率高且更为准确(马舒庆 等,2005)。

L波段探空系统是我国目前业务上广泛使用的探空体系主体,其系统组成主要包括GTS1电子探空仪与地面L波段探空雷达,因此L波段探空系统又常被简称为 L 波段探空仪。根据我国的行业标准，L 波段探空仪的相对湿度的测量范围为 2%～100%，测量精度在 -25 ℃以上为 5%，-25 ℃以下为 10%。L 波段探空仪使用的相对湿度传感器有碳湿敏电阻和湿敏电容两种，大多采用的是碳湿敏电阻，相比 59 型探空仪的肠膜测湿元件性能有了很大的改进（卢轶，2009）。但是，碳湿敏元件容易受到温度的影响，在不同环境温度下元件的感湿特性曲线不相同，因此获取的相对湿度数据与实际的大气湿度值相差较大（徐文静 等，2007）。随着湿敏电容技术的不断发展，GTS1-2 型 L 波段电子探空仪湿度传感器采用中国科学院国家空间科学中心研制的 HS02 型湿敏电容湿度传感器（李伟，2012）。XC06 型和 HC103M2 型 GNSS 探空仪湿度传感器分别采用我航天科工集团第 23 研究所和中国华云技术开发公司研制的湿敏电容湿度传感器（李伟 等，2011）。实验室测试表明，在采用新型湿度传感器和测试条件情况下，准确性误差在 ±2% 之内，满足 WMO 对常规高空探测要求（李峰 等，2012）。相对于芬兰 Vaisala 公司的探空仪标较技术，L 波段探空仪只对传感器进行测试，而未对测量电路进行检测，因此会影响测量精度。此外，标较工作主要依靠探空仪的生产厂家，但是不同温度、湿度下的大量静态测试结果表明，生产厂家的标较公式及其标较结果都有待于进一步检验（姚雯 等，2008）。

此外，瑞士 Snow White 的湿度测量采用冷镜式露点仪，是基于湿度定义的测量仪器，其测量数据较为可信，是目前对流层以下湿度测量最好的仪器，在 0～60 ℃范围，反应时间<0.5 s；在 -60～0 ℃范围，反应时间<2 s，整体测量精度为 2%。因此 Snow White 露点式湿度探空仪也常被作为湿度探测分析参考标准（李伟，2012）。美国 CFH 霜点式湿度仪是测量从对流层到平流层大范围的水汽体积混合比的霜点仪器，采用三氟甲烷液体（沸点接近 -83 ℃）作为冷却剂，通过测量水汽在镜面凝结成露（霜）时的温度（测量范围为 -100～30 ℃）来反推大气中水汽体积混合比。CFH 测量水汽最大的不确定度来自微控制器电路的稳定性及其对镜面上的水相变化响应上（Vömel et al.，2007a），其作为大气水汽测量的标准仪器参加了很多次的探空比对工作，包括对卫星 MLS 测量水汽垂直分布的验证（Vömel et al.，2007b）和 2010 年在中国阳江进行的 WMO 探空仪比对观测等（Nash et al.，2011）。

2.1.2 探空仪测量误差

2.1.2.1 测量误差来源

湿度测量的精度受观测方法、制造商及传感器型号的影响，即使对同一型号的传感器，硬件、制造过程以及校正方法的变化也会影响测量精度。除此之外，大量研究已经证实，相对湿度的测量精度还会随温度（高度）、干湿状况以及太阳高度角等变化。国外学者对于湿度传感器的测量误差研究得较为系统和深入,在鉴定和减小误差方面做过大量的工作,认为湿度传感器的误差可能是诸多原因造成的(Wang et al.,2002;Miloshevich et al.,2004;Miloshevich et al.,2009;Turner et al.,2003)。常见的传感器误差包括以下几种。

(1)污染误差

由于传感器的材质不稳定以及相对湿度等原因造成的传感器污染误差导致测量的相对湿度要小于实际相对湿度,产生干偏差。以 RS80-A 和-H 型传感器为例,薄膜型电容传感器的化学污染会导致产生干偏差,高湿条件下(80%~90%),由传感器化学污染导致的两者的系统性偏差分别为 $-13\%\pm3\%$ 和 $-12\%\pm0.3\%$。而且随着时间的推移,传感器受污染的程度会增加,Wang 等(2002)研究认为在饱和状态下,2 年的 RS80-A 的干偏差大约为 5%,并以每年 0.5% 递增。但从 2000 年 6 月开始,RS80 型探空仪在运输过程中添加了密封帽,从而较大地改善了化学污染的问题。解决此误差的方法是将传感器臂置于一种含有除湿物质、气体流动性差的特别塑料包装中,该方法已被应用于 2000 年 6 月以后芬兰 Vaisala 公司生产的传感器中。由于 RS90 探空仪采用的是特殊材料,污染误差几乎可以忽略不计。

(2)标校方法误差

造成该误差的主要原因是温度与相对湿度之间的关系函数,低湿条件下为线性关系,在低温接近冰面饱和的条件下为非线性。低温(-25 ℃)冰面饱和条件下的温度关系函数很不准确。Miloshevich 等(2001)通过同时比对观测 CFH 和 RS80-A 导出校准算法,当温度高于 -25 ℃时,校准因子为 1.0;温度为 -30 ℃(大约为 10 km 高度)时校准因子为 1.1;当温度低于 -50 ℃(大约为 12 km 高度)时,校准因子大于 1.4。低于 -40 ℃时,温度关系误差是造成测量误差的最主要原因。RS80-H 和 RS90 传感器的温度关系采用了多项式的形式更为准确,校准因子更低。同时,也对芬兰 Vaisala 公司的湿度传感器的测量结果进行了低温订正、时间滞后订正和偏干订正(Miloshevich et al.,2004;Turner et al.,2003),建立了相应的校正方法,但是这些方法本身也存在不确定性,所以不可能校正相对湿度的所有偏差(Vömel et al.,2007c)。研究发现,RS80-H 测量水汽混合比在不同批次之间的平均误差为 $-2\%\sim24\%$。Turner 等(2003)也认为这种误差来源于校准程序算法。RS90 和 RS92 探空仪目前使用的是具有标准化程序的新的校准设备,可以降低不同批次之间校准的变化。

我国探空仪测试元件的标校主要由仪器厂家完成,但目前获取的资料表明,工厂对 L 波段探空湿度传感器在云区相对湿度的订正效果不理想。姚雯等(2008)指出,水云包括其上部的过冷水云内的相对湿度都应接近 100%,即使测量元件有系误差,达不到100%,也应该是一个恒定值。但探空记录表明,在很厚的云体内,只要温度随高度降低,经工厂订正过的相对湿度也随高度明显减小。

(3)时滞误差

随着温度的降低,传感器的响应时间将增加,当其大于相对湿度变化的时间尺度时便会产生时滞误差。响应时间 T 的定义为:

$$\frac{\mathrm{d}U_e}{\mathrm{d}t} = -1/T(U_e - U) \tag{2.1}$$

式中,U_e 代表传感器湿度示值,而 U 代表实际大气相对湿度,T 代表传感器恢复湿度测量所需要的时间。

WMO给出了湿敏电容湿度传感器在不同温度条件下的时间常数,随着温度降低,湿度传感器反应速度大大降低,特别是在 -20 ℃以下时间常数显著增加,变化范围可从0.1 s 增加至 200~300 s。其中,CFH 与 SW 在 -20 ℃以上,时间常数低于4 s,而在 -70 ℃,一般低于 25 s。对 L 波段探空仪而言,在 -50~-30 ℃范围内,探空仪湿度传感器的时间常数增加显著,变化幅度减小,反应滞后,而当温度降至 -80 ℃以下时,湿度传感器失去对空气湿度的反应能力。低温条件下响应时间的增长会导致相对湿度随高度的变化梯度减小,湿度廓线被"平滑"。

(4)太阳辐射误差

太阳辐射误差主要是由于太阳加热湿度传感器造成的干偏差,与气压(或高度)和太阳高度角有关,不同的传感器也有所区别。Turner 等(2003)指出 RS80-H 日间的干偏差要比夜间大 3%~4%。Miloshevich 等(2001)指出 RS90 探空仪的太阳辐射干偏差约为 6%~8%。Vömel 等(2007a,2007c)的研究发现在哥斯达黎加北部边境省阿拉胡埃拉、哥斯达黎加等地,太阳高度角在 10°~30°时,RS92 探空仪相对湿度干偏差随着高度而增加,900 hPa(0 km)为 9%,而 200 hPa(15 km)可以达到 50%。Rowe 等(2008)研究发现,RS90 探空仪在太阳天顶角为 83°时,在微波窗区相对湿度干偏差为 8%±5%,在谱线中心相对湿度干偏差为 9%±3%;太阳天顶角为 62°时对应谱段的相对湿度干偏差分别为 20%±6% 和 24%±5%。CFH 的镜面由于放置在通风良好的采样管内,因此不受太阳辐射的影响。

(5)其他误差

L 波段探空的测湿元件采用湿敏电阻进行湿度测量,湿敏电阻的局限性以及软件处理也会带来测量误差。碳湿敏电阻存在湿滞现象,湿敏元件吸湿和脱湿的响应时间各不相同,吸湿和脱湿的特性曲线也不相同,而且这一现象随温度降低而变得更为显著。当测湿元件从高湿到低湿反复变化后,湿度测量的灵敏度变低,导致入云高湿条件下不能达到饱和,出云时降水条件下变化滞后,产生较大的测量误差。

另外，L 波段探空仪测量的相对湿度存在异常偏低的情况，导致这一现象的原因除了仪器本身存在缺陷外，还可能是由于大气中存在干气层或探空仪在观测过程中遇到了云。如果湿度传感器元件被沾湿，或者在低温条件下被冻结，会使得测湿元件瘫痪，相对湿度测量失败。因此，L 波段探空的湿度测量在高对流层会失效，甚至有时会出现在中对流层。而且 L 波段探空仪测湿元件存在过饱和条件下无法及时恢复的问题，软件在处理时会自动将这部分相对湿度数据处理成 2%，从而导致平均系统差为负值。

2.1.2.2 测量误差研究现状

尽管探空仪湿度测量误差的来源有很多，但大多数研究是针对湿度测量的整体误差进行分析。一般用作对照的探空仪包括 CFH、SW 和 RS92。

Verver 等(2006)比对热带地区对流层上层不同的湿度传感器的性能，发现 RS80-A 在对流层低层与 SW 相比干偏差为 4%～8%，在对流层上层，干偏差通过平均值能够被有效地修正，而 RS80-H 在对流层的中高层存在 2%～5% 的湿偏差，RS90 在 7 km 以下表现出 2%～3% 的湿偏差。采用 Miloshevich 等(2001)的时间延迟误差修正算法后，相对湿度廓线分别在 9 km(RS80-A)、8 km(RS80-H)、11 km(RS90)高度以上，与 SW 探测数据相比表现出更好的一致性。

CFH 的测量相对湿度的误差在对流层底层小于 4%、在平流层中层(28 km)小于 10%、在对流层顶区域小于 9%。对比 CFH 与 RS80 的湿度测量结果发现，发现在整个对流层，RS80 湿度测量值比 CFH 测值偏干约 23.7%±18.5%；由于太阳的加热作用，白天 RS80 的干偏差比夜间显著，较夜间偏干 13.5%±14.8%，而且 RS80 基本无法测量对流层上层到平流层过渡区域内的相对湿度。

相比于老式探空系统，L 波段探空仪的数据精度有了明显的提升，虽然在综合性能上要低于 RS92 型探空仪，相对湿度的测量仍然存在干偏差（李伟 等,2009,2011；李峰 等,2012；姚雯 等,2008），但已达到芬兰 RS80 型探空仪的测量精度。对比 CFH 发现，500 hPa 以下，L 波段探空仪的平均相对湿度干偏差大约为 10%，500 hPa 以上迅速增加到 30%，而 310 hPa 增长至 55%。

随着国产探空仪的发展，郭启云等(2013)研究认为，GTS1A 型探空仪湿度测量结果不论是在测量稳定性还是准确性上较 GTS1 型探空仪均有了显著的提升，相比 RS92 型探空仪湿度测量结果，GTS1A 型探空仪主要表现为高湿区偏高，低湿区偏干；在对流层顶附近，相对湿度偏差值在 7% 左右，以负偏差为主。全量程系统相对湿度偏差在 ±5% 以内。除了可以较准确地反映大气湿度结构特征，在低温条件下特别是对流层顶附近表现也较好。国产 GNSS 探空仪的动态测量性能虽然在相对湿度准确性方面仍有一定差距,但与目前业务使用的 L 波段探空系统相比,测量准确性已有较大提高,与 RS92 型探空仪一致性较好,相对湿度系统误差基本在 15% 以内,相对湿度标准偏差在 12% 以内。对比 SW 和大桥 HS02 型湿度传感器,除了白天 20 ℃ 以上与 -30 ℃ 以下 HS02 湿度探测偏干外,其他均呈偏湿状态,夜间所有湿度段均呈偏湿状态,最大相对湿度系统偏差在 30% 左右。

虽然目前我国生产的探空仪制作工艺得到了较大的提高,与国际上先进的探空仪测量性能的差距也逐渐缩小,但相比 Vaisala 公司的高空探测技术,我国现有的探空仪发展水平还相对落后。目前我国业务布网的 L 波段探空湿度测量仍存在比较大的问题,测量结果的一致性上相对较差,与其他国家的探空结果相比,观测值明显偏低,与湿度感应元件的性能和数据订正技术等有关,迫切需要技术改进。各探空仪生产厂家之间技术水平参差不齐,会直接影响探测资料的质量,因此有必要从多个方面,如传感器的性能、生产工艺以及误差补偿方法等方面展开广泛的研究。

2.1.2.3　测量误差对云系识别的影响

由于湿度传感器型号、批次、制造厂商、储存方式的差异以及部分研究中未明确指出对湿度数据所做的校正等原因,这里无法定量给出由于湿度测量误差导致的云识别误差,仅做定性分析。

基于探空湿度数据进行云识别的研究有很多,包括 PWR95 法、WR95 法、CE96 法、MN05 法以及 ZHA10 法等,这些方法主要利用相对湿度阈值、温度露点差或者温、湿度随高度的二阶导数进行云层判断,均取得了一定的效果(颜晓露 等,2012)。针对这些云识别方法,国内外开展了许多验证研究。Chernykh 等(1996)利用美国 CARDS(Comprehensive Aerological Reference Dara Set)数据集以及 VIZ 探空仪对 CE96 法进行了验证,指出该方法可以确定 90% 以上的云层,而基于该方法判别的高云的云量与云层的准确率相对较小,湿度传感器在低温条件下灵敏度下降是可能的原因之一。Naud 等(2003)基于 1996—2000 年 ARM 项目在 SGP 的雷达、激光雷达、云高仪等观测数据,利用 WR95 和 CE96 2 种云层识别算法,验证了利用 RS80 探空数据反演云边界的准确性,通过比较发现,2 种云识别方法识别的云底高度的准确性要好于云顶高度,并指出这种差异可能是由于探空仪的干偏差及湿度响应滞后从而使得识别的云层位置偏高导致的。Zhang 等(2013)利用 RS92 探空观测数据反演的云垂直结构信息与云雷达 MACR、MPL 和激光云高仪的结果进行了对比,发现与 MPL 及云高仪测量的云底高度偏差小于 500 m 的概率分别为 77.1% 和 68.4%,但也存在部分 MPL 与探空测量的云底高度相差较大的情况,可能的原因除了气球飘移以及 MPL 探测能力的限制,还可能是由于探空仪的干偏差导致的。Miloshevich

等(2001)则指出在对流层中上层到平流层底层,由于湿度感应元件的性能问题,在低温条件下灵敏度差,容易冻结,观测的湿度值不能反映大气的真实状态,而且无法测出卷云中比较高的相对湿度值。由此可知,测湿元件在低温条件下响应时间变长,灵敏度下降,加之太阳辐射误差在高层更为明显,使得测得的云顶湿度准确性低于云底,反演的云顶高度与实况相差更大,甚至出现云层的误判和漏判。

相比低温、低湿条件下的测量结果,探空仪在高温条件下的湿度测量相对准确,因此云识别的结果也较为可靠。但部分条件下存在传感器入云或者在低层高湿的环境下,测湿元件存在被沾湿的情况。以CFH为例,CFH侧重在低温低湿条件下进行湿度测量,但在对流层高温、高湿条件下,易出现凝结水。而CFH的微控制器无法在对流层下部快速除去镜面上的凝结水,而导致测量湿度偏大。另外,低空云的出现比例比较高,特别是积雨云里液态水滴容易对镜面造成污染,从而导致测值不正常偏高(Bian et al.,2011),如果出云后还不能快速降到正常测值,会使识别的云层厚度增加,甚至会影响之上云层的探测。

当使用L波段探空数据进行云层识别时,在对流层中低层经常出现成片相对湿度观测数值异常偏低的情况(2%的截断值)。为了与对流层高层相对湿度普遍偏干的问题区分开,唐南军(2013)对这种情况进行了统计,定义异常偏低需满足:(1)观测的相对湿度值<5%,且对应的气压值低于<300 hPa;(2)符合条件(1)的数据段从开始到结束,气压差>200 hPa,对应的气压值<300 hPa,统计发现,约有12.63%的探空曲线出现异常偏低的情况,而且这种异常偏低的现象在湿度较大测站出现的频率更高,部分测站异常偏低的次数甚至占到总观测次数的一半以上。而且,受不同季节及高度云层出现差异的影响,异常偏低发生的高度也有所不同,一般在600~550 hPa最容易发生。对全球探空湿度数据进行分析发现,异常偏低现象具有普遍性(4%),这无疑会导致对云层的漏判。因此,在利用探空湿度数据进行云识别的过程中要充分考虑探空仪测湿元件测量误差、性能特点以及数据处理上的差异等对云识别造成的影响。

2.2 云出现频率的季节变化特征及受天气系统的影响

2.2.1 云识别算法

云识别算法是基于蔡淼等(2014)提出的相对湿度阈值随高度的变化关系建立。具体为:

$$RH_{th} = \begin{cases} 91, & (0 \leqslant h < 1) \\ -6.416 \times h + 97, & (1 \leqslant h < 2) \\ -1.223 \times h + 87, & (2 \leqslant h < 7.562) \\ -4.0 \times h + 108, & (7.562 \leqslant h < 10) \\ 68 & (10 \leqslant h < 15) \end{cases} \quad (2.2)$$

式中,h 为高度,单位为 km;RH_{th} 为不同高度的相对湿度阈值,单位为%。值得注意的是,探空得到的相对湿度为相对水面的相对湿度,在云识别前需将低于 0 ℃的相对湿度转化为相对冰面的相对湿度。在进行云层分析时,剔除了云顶高度低于 500 m 的云;对于很薄的云夹层或者云层,参考了 Zhang 等(2010)的方法,即当云夹层的厚度小于 300 m 时,若相对湿度大于 $RH_{th}-5\%$ 则判断为云层;当云层的厚度小于 80 m 时,若相对湿度小于 $RH_{th}+3\%$ 则判断为无云的湿层。

蔡淼等(2014)的云识别算法是基于我国东部地区 31 个站点的研究结果提出的,为保证此方法在沈阳地区的可靠性,利用 2006—2015 年沈阳站地面的云观测数据,对云识别算法的正确率、误报率和空报率进行了分析。具体计算方法如下:

$$AR = \frac{a+d}{a+b+c+d} \times 100\% \quad (2.3)$$

$$PO = \frac{c}{a+c} \times 100\% \quad (2.4)$$

$$FAR = \frac{b}{a+b} \times 100\% \quad (2.5)$$

式中,AR 是准确率,PO 是漏报率,FAR 是空报率,a 是正确肯定,b 是空报,c 是漏报,d 是错误肯定。表 2.1 给出了云识别的准确性情况,可以看出,识别正确率在 75%以上,尤其是夏季正确率可以达到 83%以上,而且不同季节的漏报率和空报率的值均低于 20%。除此之外,还对比了地面观测与云识别方法得到的云底高度的差异,发现两者的差异也较小(此处不具体展开)。因此,利用此方法对沈阳地区的云垂直结构进行分析是可靠的。

表 2.1 云识别方法的准确性

	a(个)	b(个)	c(个)	d(个)	正确率(%)	漏报率(%)	空报率(%)
春	750	110	217	414	78.07	22.44	12.79
夏	1152	49	209	168	83.65	15.36	4.08
秋	658	125	183	533	79.45	21.76	15.96
冬	562	246	110	521	75.26	16.37	30.45
整体	3122	530	719	1636	79.21	18.72	14.51

2.2.2 云频率分布的季节变化

通过云识别算法识别的云层最多为 7 层,但由于 4 层以上的多层云出现的频率较低(低于 1%),因此这里不予研究。统计发现 2006—2015 年沈阳站的探空廓线中,约有 60.7% 的探空廓线识别到有云的存在,其中夏季云出现的频率最高,为 75.7%,春季和冬季次之,分别为 56.9% 和 55.1%,秋季云出现的频率最低,仅为 52.6%。很多学者的研究证明我国北方夏季低空辐合高空辐散的环流特征,配置较其他季节更为充足的水汽条件,会导致夏季云的出现概率最大(Li et al., 2004;吴伟等,2010)。

表 2.2 给出了沈阳地区有云条件下单层云及多层云的出现频率。除夏季多层云出现概率大于单层云外,其他季节主要以单层云为主,尤其冬季单层云的出现频率最高,为 63.7%,夏季复杂的云层垂直结构可能是由于在对流活动旺盛的情况下高、中、低云更容易同时出现导致的。另外,多层云中以双层云为主,尤其是夏季双层云的出现频率可达到 32.7%,而其他季节双层云的出现频率相差不大。

表 2.2　沈阳地区有云条件下单层云及多层云的出现频率(%)

时间	单层云	双层云	三层云	四层云
春季	60.7	27.0	9.5	2.8
夏季	41.3	32.7	17.3	8.7
秋季	60.0	27.8	9.5	2.7
冬季	63.7	26.5	8.3	1.5
整体	54.9	28.9	11.8	4.4

为了解沈阳地区不同高度上云的分布状况,对不同层次的云的出现频率随高度的变化进行了计算,公式为:

$$Freq_{Li}(h) = \frac{N_{Li}(h)}{\sum_{h=1}^{h=15} N_{Li}(h)} \times 100\% \tag{2.6}$$

式中,$Freq_{Li}(h)$ 为云层 Li 在高度 h km 处的出现频率,Li 代表是第 i 层云($i=1,2,3,4$),N_{Li} 为 Li 层云在 ($h\pm 0.5$) km 范围内的个数,其中 h 取值分别为 $1,2,\cdots,15$。

图 2.1 给出了沈阳地区不同层次的云层出现频率随高度的变化情况。由图 2.1(a)可知:8 km 以下单层云出现的频率相差不大,在 8%~10% 之间;而 8 km 以上,单层云的出现频率随高度降低。多层云中(图 2.1(b)—(d)),L1 主要出现在 4~6 km 以下,随高度的增加,L1 出现的频率迅速降低;云层数目越多,L1 在低层的出现频率越高。多层云中 L2、L3、L4 的出现频率与 L1 有明显的区别,多层云的出现

频率随高度呈现先增加后降低的趋势。随着云层数目增加,相同层次的云频率分布的谱宽减小,而不同层次间峰值高度的差异也呈减小的趋势。双层云、三层云及四层云中 L2 出现频率的峰值所在的高度分别为 9 km、4 km 和 4 km,而 L3 出现频率的峰值所在的高度分别为 9 km 和 5 km,四层云中 L4 出现频率的峰值高度为 9 km。可以看出,随云层数目的增加,相同层次的云峰值频率所在的高度逐渐下降,低云所占的比例增加,中、高云则相反,而这也解释了前面所提到的云层高度的排序问题。同时,对沈阳地区所有云整体的出现频率随高度的变化进行了分析(图 2.1(e)),所有云出现频率随高度的变化与单层云相似,8 km 以下,云出现频率较单层云稍小,9~12 km 之间较单层云稍大,两者差别较小。

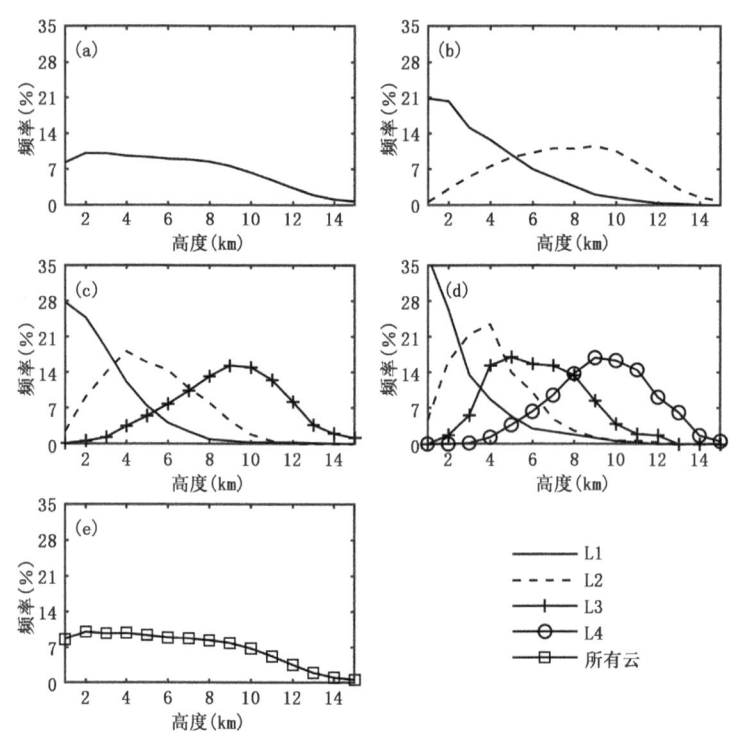

图 2.1 沈阳地区不同云层随高度变化而出现的频率分布
(a)单层云;(b)双层云;(c)三层云;(d)四层云;(e)所有云

不同季节云特性存在差异,因此有必要分析云出现频率随高度分布的季节变化(图 2.2)。除夏季外,云层的出现频率随高度呈单峰分布。春季云出现频率的峰值所在的高度为 5 km,峰值频率约为 11.17%。秋季 9 km 以下,云层的出现频率差别不大,范围在 8%~10% 之间。冬季云出现频率峰值所在的高度在 2 km,峰值可以达到 13.4%,这可能是由于冬季较多的层积云到导致的。而夏季,4 km 以下云层的出现频率在 8%～9%之间,4 km 随高度增加,云层的出现频率有所下降,6 km 处云的出现频率最低,但在 9 km 再次出现峰值,频率为 9.51%,这可能是由于夏季卷云较高的出现频率导致的。对不同季节低、中、高云所占的比例进行分析发现,春、夏、秋、冬的低云比例依次上升,其中,春季低云比例约为 33.2%,而冬季约为 49.7%;春季中云的比例最高(43.6%),而夏季最低(28.1%);高云在夏季所占的比例最高(34.6%)而在冬季最低(11.5%)。

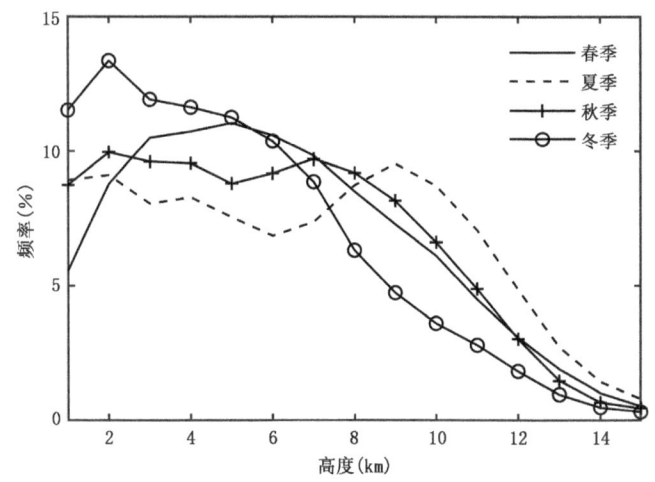

图 2.2 沈阳地区不同季节云随高度的频率分布

2.2.3 典型天气系统的云频率

除了利用 CloudSat 卫星数据进行云垂直结构的分析外,还利用 2006—2015 年辽宁省进行人工增雨作业期间沈阳气象站(以下简称"沈阳站")的探空数据对云的垂直结构进行了研究。由于四种天气系统影响下探空反演的 4 层以上的云层较少(<1.5%),因此同样仅对 4 层及以下的云层垂直结构进行分析。

表 2.3 给出了所选天气类型中,探空数据的基本情况。可以看出,在以上四种天气系统影响下,沈阳地区云的出现频率也较高,均大于 80%。其中,SC 控制下沈阳地区云的出现频率同样是最高的,可以达到 89.39%,而 MCW 控制下云的出现频率最低,为 81.93%。由图 2.3 可知,云层同样以单层云为主,四种天气系统影响下,单层云的出现频率均高于 40%,其中,SC 影响下,单层云的出现频率也最大,为 44.07%;MCV 和 MCW 相差不大,为 41.46% 和 41.18%;而 CF 相对较低,为

40.43%。多层云主要以双层云为主,其中 CF 中双层云的出现频率稍低,为 29.79%,MCV 稍高,为 34.96%。

对比 CloudSat 卫星的分析结果可知,利用 L 波段探空数据反演得到的云层出现频率显著高于 CloudSat 卫星的结果,这可能是由于云时空分布的差异导致的。首先,CloudSat 卫星数据采用的是人工增雨作业期间过境辽宁(38°43′~43°26′N,118°53′~125°46′E)的所有数据,而 L 波段探空数据来自沈阳站。其次,CloudSat 卫星的过境时间为分别为 1:30 和 13:30,而 L 波段探空释放时间分别为 8:00 和 20:00,存在时间差异,而且根据杨超等(2014)的研究可知云出现频率在 6:00—9:00 间最高。再者,可能是由于云层筛选方法较为严格导致的。

表 2.3 人工增雨作业期间探空数据的基本情况统计

影响系统	CF	MCW	SC	MCV
探空廓线数	55	83	66	141
有云的廓线数	47	68	59	123
云出现比例(%)	85.45	81.93	89.39	87.23

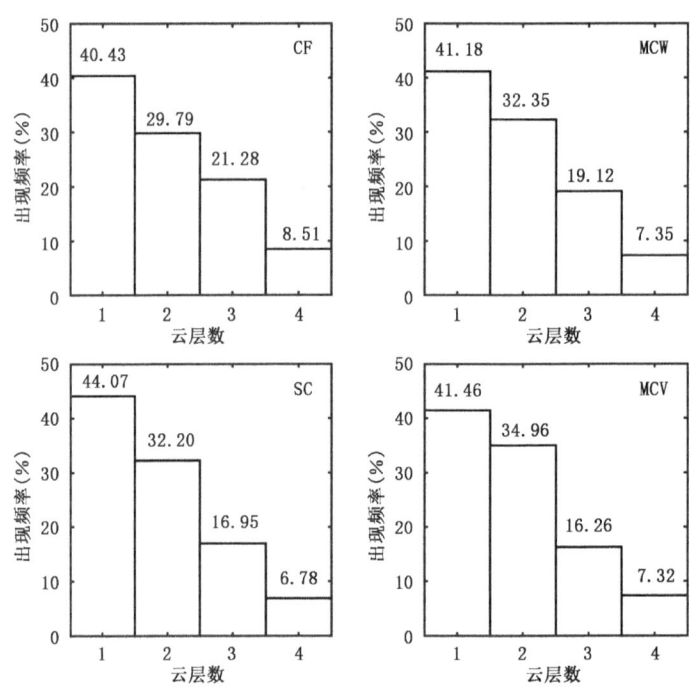

图 2.3 沈阳地区受不同天气系统影响的云层出现频率

2.3 云垂直结构的季节变化特征及受天气系统的影响

2.3.1 云层的垂直分布特征

2.3.1.1 云层的季节变化特征

图 2.4 给出了沈阳地区四季单层云、双层云、三层云、四层云以及所有云层的平均分布情况。对比四个季节单层云的云顶高度发现,单层云在夏季的云顶高度最高,高达 7.03 km,春秋次之,分别为 6.49 km 和 6.33 km,冬季最低,仅为 5.05 km。单层云的平均云底高度同云顶高度具有相同的季节变化,同样是夏季最高,可以达到 4.02 km,冬季最低,为 2.56 km。而对于单层云的平均厚度而言,夏季单层云的云层平均厚度最大,为 3.01 km,而冬季最小,仅为 2.49 km。云厚的季节差异主要还是受季风的影响,夏季强的上升运动和充沛的水汽来源可使得云发展得更厚。对单层云的云层厚度进行统计发现,约有 39.7% 的单层云厚度在 1 km 以下,云厚小于 2 km 的可达 55.9%,说明沈阳地区的单层云主要以薄云为主,这也要求数值模式需要更高的垂直分辨率才可能模拟大多数薄云信息。

对多层云的云层分布统计发现,不同层次的云层位置并没有一致的季节变化规律,但可以看出最高云层的平均云顶(对单层云而言,即为单层云的云顶)高度基本随云层数目的增加而增加,而最低云层即底层云的平均云底(对单层云而言,即为单层云的云底)高度基本随云层数目的增加而降低。按照中纬度地区高云(云底高度 >6 km)、中云(2.5 km<云底高度<6 km)、低云(云底高度<2.5 km)的划分方法,对不同云层数下三类云进行统计发现,随云层数目的增加,低云的出现频率减少,而中云和高云的比例增加,以冬季为例,单层云中低、中、高云的比例分别为 61.4%、30.6% 和 8.0%,而四层云中对应的低、中、高云比例分别为 26.8%、50.0% 和 23.2%。其中,夏季双层及三层云中顶层云的云顶高度最大,分别为 9.24 km 和 10.27 km,四层云中顶层云的平均云顶高度在春季最大,可以达到 10.87 km,而相应的云顶高度平均值在冬季达到最小,分别为 6.72 km、7.44 km 和 8.99 km,这是由于春季四层云中高云的出现比例最高(38.1%),夏季仅为 35.9%,而冬季以低云为主且云层较薄所致。对比多层云的云层厚度可知,春、夏两季多层云的平均厚度相对较大,分别为 1.74 km 和 1.75 km,其次为秋季,为 1.64 km,冬季最小,仅为 1.40 km。相比单层云,多层云的云层厚度更薄,其中约有 72.8% 的云层厚度小于 2 km。

图 2.4(e)给出了所选时段内沈阳地区云层垂直结构的平均分布。其中,单层云、

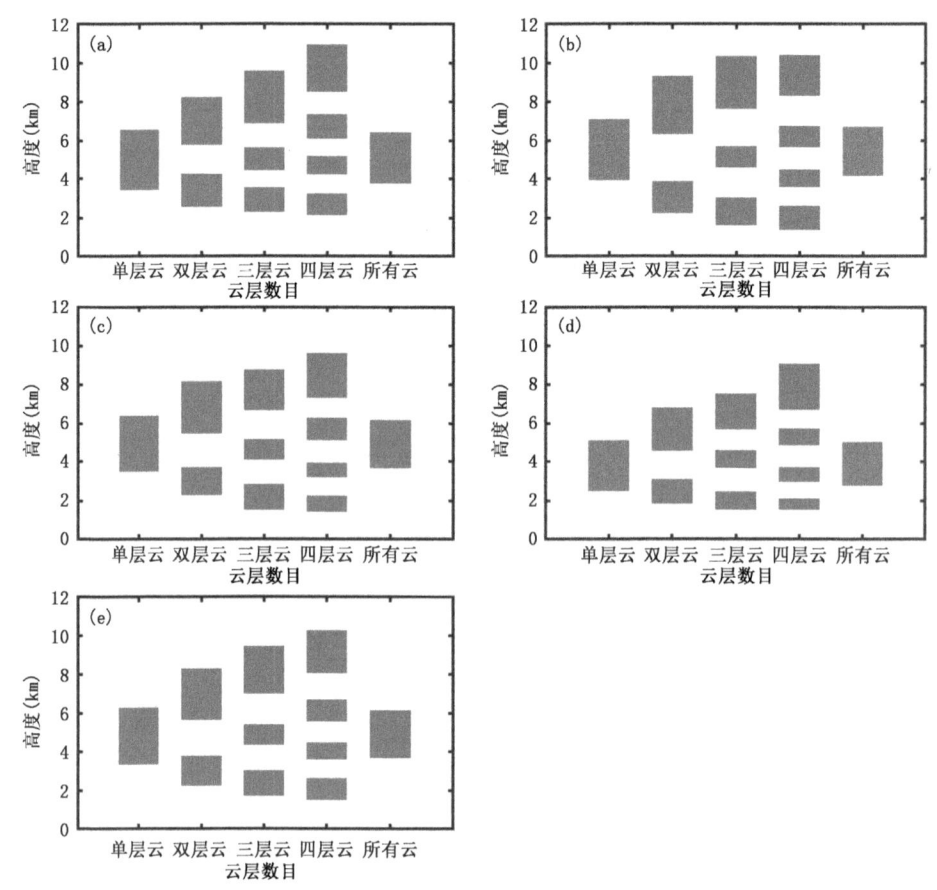

图 2.4 沈阳地区云层的平均位置及厚度
(a)春季;(b)夏季;(c)秋季;(d)冬季;(e)整体
(灰色柱体的上边界表示云顶,下边界表示云底,灰色柱体高度表示云层高度)

双层云、三层云及四层云的垂直分布中,顶层云云顶高度的平均值分别为 6.21 km、8.24 km、9.40 km 和 10.20 km,而对应的底层云云底高度的平均值分别为 3.41 km、2.31 km、1.79 km 和 1.58 km,这与之前各个季节的顶层云云顶高度及底层云云底高度随云层数目的变化规律一致(图 2.4(a)—(d))。对比不同层次的平均云底高度发现,各季节里四层云中 L4 的云底、三层云中 L3 的云底、双层云中 L2 的云底或四层云中 L3 的云底、三层云中 L2 的云底、单层云 L1 的云底或四层云中 L2 的云底、双层云中 L1 的云底、三层云中 L1 的云底以及四层云中 L1 的云底高度均呈从高到低排列的规律。其中,双层云中 L2 的云底在春季和冬季低于四层云中 L3 的云底,夏、秋季节相反,而春、冬季节四层云中 L2 的云底在春季和冬季高于单层云 L1 的云底,夏、秋季节反之。对比云顶高度发现,除单层云 L1 的云顶高度在夏秋季节要高于四层云中 L3 的云顶高度外,其他云层云顶高度也基本呈相同的排列顺序。对比单层云与多层云的云层厚度可以看出,多层云中单一云层的平均厚度在 0.70～2.50 km 之间,要低于单层云的厚度(2.81 km)。而顶层云的云层厚度(>2 km)要高于下部云层的云层厚度(<2 km),这可能是由于上层云的出现削弱了低层云顶上部的长波辐射冷却导致的(Chen et al., 1987; Wang, 1997)。

2.3.1.2 云夹层的分布特征

介于两层云之间的无云区域的垂直距离定义为云夹层。表 2.4 给出了沈阳地区云夹层厚度的平均值。沈阳地区整体平均厚度为 1.79 km,66.1% 的云夹层厚度在 2 km 以下,同样也要求数值模式提高网格的垂直分辨率。就其季节变化而言,夏季云夹层平均厚度最大,冬季最小,这与夏季多层云出现的频率高于单层云的现象有关,夏季低云和高云共存于大气柱内的频率较高。对比不同云层数目的云夹层厚度可以看出,云夹层厚度一般随云层数目的增加而减小,这与上节中指出的随云层数目的增加不同层次间峰值高度的差异呈减小的趋势是一致的。对云夹层的出现频率随高度的变化进行分析发现,除夏季云夹层在 6～8 km 之间的出现频率较高外,其他季节云夹层出现频率的高值主要集中在 3～5 km。

表 2.4 沈阳地区不同云层间云夹层的平均厚度(km)

云层数目	各云层间距	春季	夏季	秋季	冬季	整体
双层云	L2—L1	1.75	2.76	2.00	1.63	2.14
三层云	L2—L1	1.13	1.83	1.52	1.37	1.57
	L3—L2	1.39	2.06	1.64	1.22	1.72
四层云	L2—L1	1.13	1.28	1.07	0.99	1.20
	L3—L2	1.04	1.30	1.33	1.28	1.26
	L4—L3	1.28	1.69	1.16	1.10	1.51
整体		1.48	2.08	1.73	1.46	1.80

2.3.1.3 典型天气系统的云层分布

图 2.5 给出了沈阳地区云层的平均位置分布。就单层云而言,不同天气系统影响下平均云底高度主要在 2.09～3.46 km 之间,而云顶高度在 6.20～9.58 km 之间,其中,SC 影响下云层发展最为旺盛,平均云顶高度最高而云底最低,厚度达到 7.49 km,而 MCW 影响下则相反,云底最高但云顶较低,单层云最为浅薄,平均厚度仅为 3.20 km。

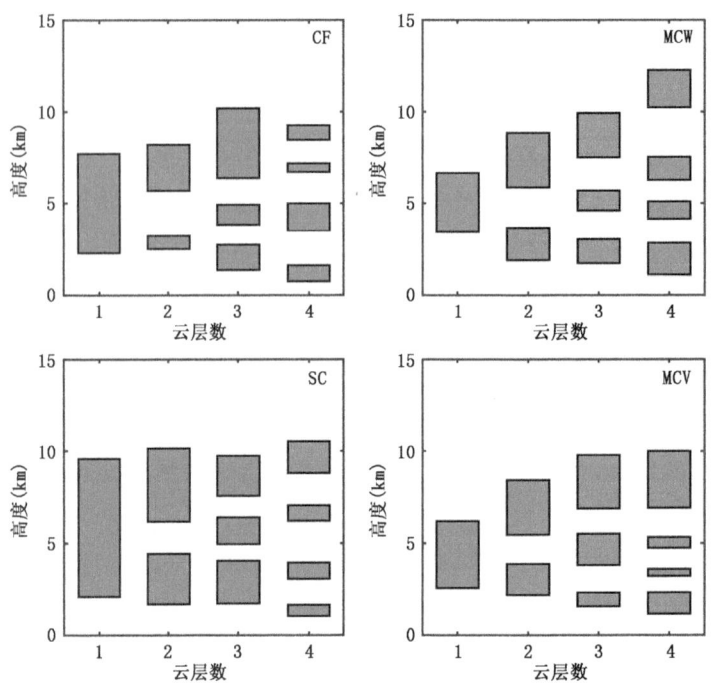

图 2.5 沈阳地区不同天气系统影响下云层平均分布

多层云中,不同天气系统影响下,云层的位置变化没有一致的规律。但与 CloudSat 卫星的结果相似的是相同层次的云层的高度一般随云层数目的增加而降低,而顶层云的云顶高度则相反,平均云层厚度则随云层数目的增加而降低,具体的云层高度见表 2.5。

整体而言,SC 影响下云层的平均云顶高度发展得最高,均值为 8.10 km,而其他系统影响下平均云顶高度为 6.06~6.58 km。不同天气系统影响下,云底高度的均值相差较小,均在 3.32~3.97 km 之间,其中 SC 控制下的平均云底高度最低,而 MCW 控制下的云底高度最高。由此可知,SC 影响下云层的厚度最大,约为 4.78 km,而其他系统影响下平均云层厚度在 2.49~3.19 km 之间。对四种天气系统下高、中、低云的出现频率统计发现,沈阳地区低云的出现频率(≥39%)较中、高云高,其中 CF 和 MCV 影响下中云出现频率高于高云,而 MCW 和 SC 影响下的高云出现频率较中云大,其中以 MCW 影响下中、高云出现频率最高(60.31%),而 MCV 影响下中、高云出现频率最低(57.51%)。

表 2.5 沈阳地区不同天气系统影响下云层高度分布(km)

云层数目	云层次	位置	CF	MCW	SC	MCV
单层云	L1	云底	2.31	3.46	2.09	2.58
		云顶	7.72	6.66	9.58	6.20
双层云	L1	云底	2.53	1.92	1.68	2.18
		云顶	3.24	3.65	4.44	3.88
	L2	云底	5.69	5.87	6.18	5.46
		云顶	8.21	8.85	10.14	8.42
三层云	L1	云底	1.39	1.75	1.72	1.56
		云顶	2.76	3.06	4.06	2.32
	L2	云底	3.83	4.60	4.96	3.82
		云顶	4.93	5.69	6.41	5.51
	L3	云底	6.37	7.51	7.58	6.89
		云顶	10.18	9.92	9.74	9.78
四层云	L1	云底	0.77	1.13	1.04	1.16
		云顶	1.65	2.85	1.64	2.34
	L2	云底	3.48	4.15	3.08	3.23
		云顶	4.99	5.10	3.96	3.61
	L3	云底	6.71	6.28	6.22	4.74
		云顶	7.19	7.54	7.06	5.33
	L4	云底	8.47	10.24	8.80	6.92
		云顶	9.26	12.26	10.54	10.01

图 2.6 给出了不同天气系统影响下不同层次的云层出现频率随高度的变化。可以看出,除 CF 与 MCV 影响下单层云的出现频率随高度先增加后减小外,MCW 和 SC 影响下单层云的出现频率分别在 9 km 和 11 km 以下变化不大。其中 CF 和 MCV 影响下云层出现频率的峰值在 14% 以上,峰值高度为 4 km,而低层 MCW 和 SC 影响下云层出现频率在 7%～10% 之间。多层云中,云层出现频率随高度的分布基本为单峰分布,而且云层数目越多,相同层次云层的峰值高度越低,而谱宽越窄,这也解释了前面提到的云层数目越多,相同层次的云层高度越低。

图 2.7 给出了不同天气系统影响下所有云层出现频率随高度的分布情况。同样,所有云层出现频率随高度的变化也与单层云类似,仅是峰值频率有所降低。可以看出,整体而言,不同系统影响下云层的出现频率随高度先增加后减小,其中,CF 和 MCV 影响下的峰值频率分别为 11.42% 和 11.56%,峰值高度均为 4 km;MCW

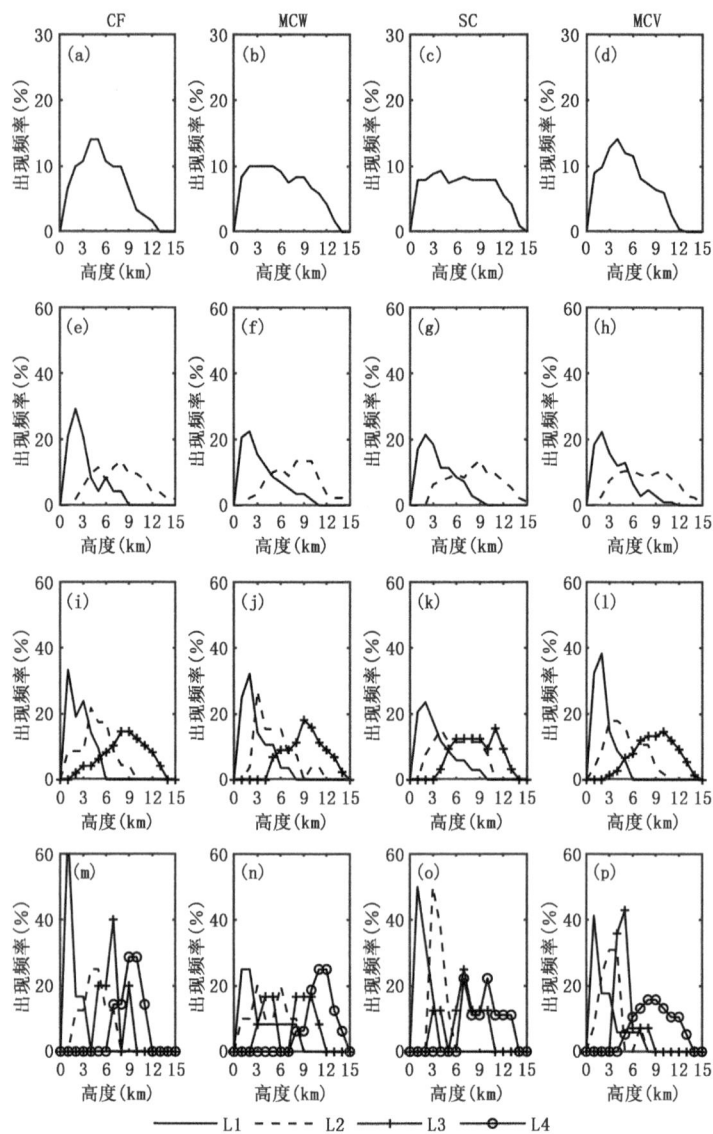

图 2.6 沈阳地区不同天气系统影响下不同层次云层出现频率随高度的变化
(a)—(d)单层云;(e)—(h)双层云;(i)—(l)三层云;(m)—(p)四层云

影响下的峰值高度在 1~9 km 之间,频率随高度的变化不大,主要在 7%~10% 之间;SC 影响下,除 3~4 km 处稍高外(分别为 10.54%、9.54%),1~9 km 之间频率主要在 8% 左右。但随着高度的增加,在 10 km 以上,影响云层出现频率由高到低的系统分别为 SC、MCW、MCV 和 CF。

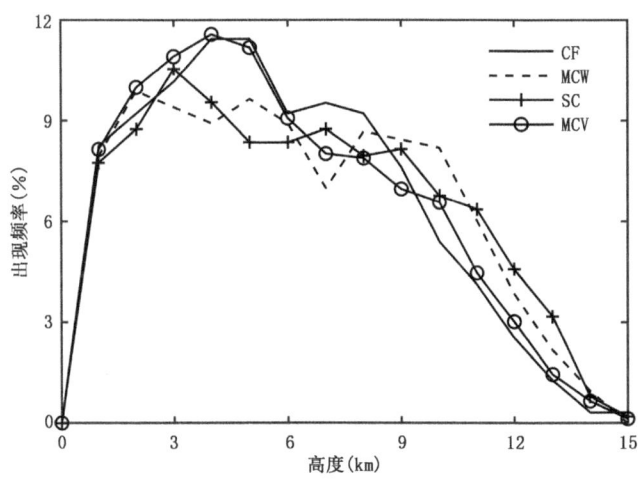

图 2.7 沈阳地区不同天气系统影响下所有云层出现频率随高度的分布情况

表 2.6 对云夹层的厚度进行了统计。双层云的平均云夹层厚度在 1.57~2.45 km 之间,其中 CF 的云夹层厚度最厚,而 MCV 影响下云夹层厚度最小。三层云中云夹层的厚度较双层云薄,云夹层厚度在 1.38~1.82 km 之间。四层云的平均云夹层厚度在 1.13~2.70 km 之间。整体而言,云夹层的厚度普遍较薄,40% 以上的云夹层厚度小于 1 km。其中,MCW 的平均云夹层厚度最大(1.98 km)而 CF 的云夹层最小(1.19 km)。

表 2.6 沈阳地区不同天气系统影响下的云夹层厚度(km)

云层数目	各云层间距	CF	MCW	SC	MCV
双层云	L2—L1	2.45	2.22	1.75	1.57
三层云	L2—L1	1.07	1.55	0.90	1.50
	L3—L2	1.44	1.82	1.17	1.38
四层云	L2—L1	1.84	1.30	1.43	0.89
	L3—L2	1.71	1.17	2.26	1.13
	L4—L3	1.28	2.70	1.74	1.59

2.3.2 冷云的垂直结构特征

单就沈阳地区而言,有云条件下,冷云的出现频率同样显著高于暖云,其中,SC 影响下冷云的出现频率最高,为 81.82%,其次分别为 CF、MCV 以及 MCW,相应的冷云出现频率分别为 77.42%、76.82% 和 70.23%。

对四种天气系统影响下,冷云的云层数目进行统计发现,仅在 MCW 和 MCV 影响下冷云中存在四层云(图 2.8)。与暖云相同,有云条件下,冷云中单层云的云层出现频率也最大,均达到 50% 以上,其中,CF 和 MCW 影响下单层冷云的出现频率相差不大,分别为 60.87% 和 61.67%,而 SC 和 MCV 影响下冷云的出现频率分别为 56.14% 和 55.75%。多层云中依旧以双层云为主,MCV 影响下双层云出现频率最高,为 32.74%;CF 影响下双层云的出现频率最低,为 21.74%。三层云的出现频率中,CF 中三层云出现频率最高,为 17.39%;其他系统影响下,三层云的出现频率均低于 15%,而 MCV 中三层云的出现频率为 8.04%。MCW 和 MCV 影响下多层冷云中四层冷云的出现频率均低于 3%。

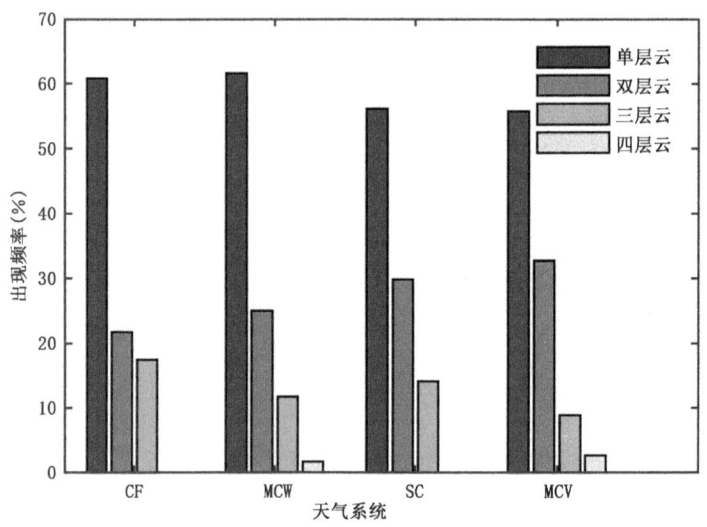

图 2.8　沈阳地区不同天气系统影响下不同层数的冷云出现频率

图 2.9 给出了沈阳地区不同天气系统影响下冷云的垂直分布特征,可以看出冷云的云顶高度显著高于暖云(具体数值见表 2.7)。就单层冷云而言,SC 的云底高度最低仅为 2.74 km,其次分别为 CF、MCV、MCW,云底高度分别为 3.08 km、3.26 km 和 4.90 km。而平均云顶高度普遍高于 7 km,SC 的云顶高度最高为 10.03 km,CF、MCW 和 MCV 单层云的平均云顶高分别为 7.64 km、8.91 km 和 7.28 km。由上可知,SC 影响下单层云的云厚最大(7.30 km),而其他系统控制下的单层云云厚相差不大,普遍在 4 km 左右。对多层冷云而言,沈阳地区多层冷云的云层位置分布没有一致的变化,但可以看出,冷云的云层厚度显然要高于暖云,而且一般随着云层数目的增加,云层的平均厚度减小。三层云的平均云厚主要在 1.58~1.76 km 之间,四层云的出现次数较少,云层厚度的统计显著性较差,不做具体分析。而且,从顶层云

的云顶高度上可以看出,顶层云云顶高度随云层数的增加而增加。

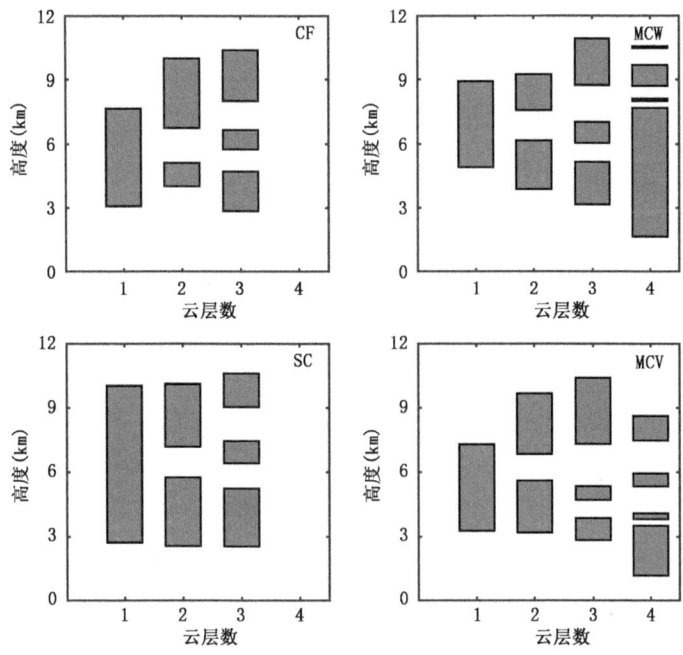

图 2.9　沈阳地区不同天气系统影响下冷云的垂直分布

表 2.7　沈阳地区不同天气系统影响下冷云的平均位置(km)

云层数目	云层次	位置	CF	MCW	SC	MCV
单层云	L1	云底	3.08	4.90	2.73	3.26
		云顶	7.64	8.91	10.03	7.28
双层云	L1	云底	4.01	3.88	2.57	3.18
		云顶	5.12	6.16	5.76	5.60
	L2	云底	6.75	7.58	7.18	6.83
		云顶	9.98	9.24	10.11	9.67
三层云	L1	云底	2.85	3.17	2.55	2.84
		云顶	4.70	5.15	5.24	3.86
	L2	云底	5.75	6.05	6.42	4.70
		云顶	6.65	7.03	7.46	5.35
	L3	云底	8.01	8.75	9.05	7.30
		云顶	10.37	10.92	10.60	10.39

续表

云层数目	云层次	位置	CF	MCW	SC	MCV
四层云	L1	云底	—	1.67	—	1.18
		云顶	—	7.69	—	3.50
	L2	云底	—	8.01	—	3.81
		云顶	—	8.12	—	4.08
	L3	云底	—	8.72	—	5.34
		云顶	—	9.68	—	5.94
	L4	云底	—	10.48	—	7.46
		云顶	—	10.56	—	8.62

图 2.10 是沈阳地区冷云的出现频率随高度的变化情况，其中高度 h 的取值范围为 0～15 km。就单层云而言，云层的出现频率基本也呈现先增加后减小的趋势，其中受 MCW 和 SC 影响的单层云峰值频率稍低，分别为 11.02% 和 9.86%，峰值高度

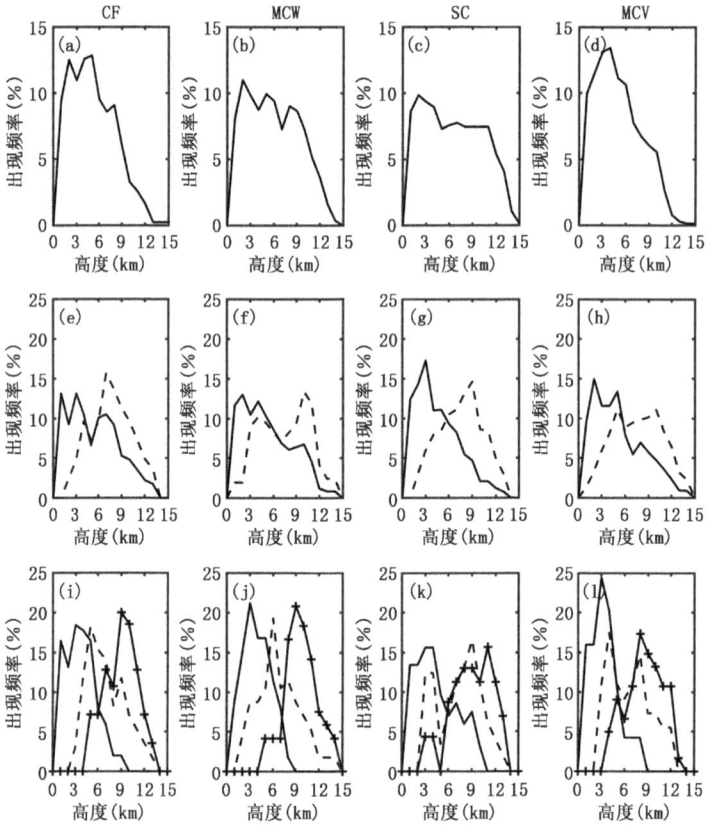

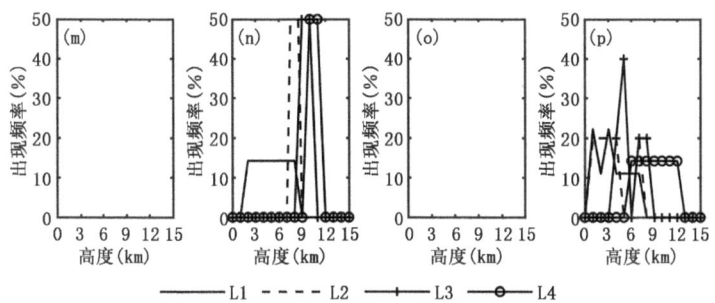

图 2.10 沈阳地区不同天气系统影响下冷云出现频率随高度的变化
(a)—(d)单层云；(e)—(h)双层云；(i)—(l)三层云；(m)—(p)四层云

为 2 km，而 CF 和 MCV 中单层云出现频率随高度的变化较为显著，峰值高度分别为 5 km 和 4 km，对应的峰值频率分别为 12.40% 和 13.48%。可以看出，SC 影响下单层冷云 10 km 以上高度的出现频率较其他天气系统高。

对比不同天气系统影响下的多层冷云出现频率随高度的变化可以看出，相同层次的云，云峰值频率出现高度基本随云层数目的增加而降低，谱宽变窄，不同层次频率峰值高度间的差异变小，这与 CloudSat 卫星的分析结果一致。

表 2.8 给出了冷云的云夹层厚度分布情况，可以看出，沈阳地区双层云中云夹层的厚度主要在 1.23~1.62 km 之间，三层云中云夹层的厚度主要在 0.85~1.95 km 之间，而四层云中云夹层的厚度主要在 0.31~1.52 km 之间。而且，与 CloudSat 卫星的分析结果相似，随着云层数目的增加，相同层次的云夹层厚度减小。

表 2.8　沈阳地区不同天气系统影响下冷云的云夹层厚度(km)

云层数目	各云层间距	CF	MCW	SC	MCV
双层云	L2—L1	1.62	1.42	1.42	1.23
三层云	L2—L1	1.05	0.89	1.18	0.85
	L3—L2	1.36	1.72	1.60	1.95
四层云	L2—L1	—	0.33	—	0.31
	L3—L2	—	0.59	—	1.27
	L4—L3	—	0.80	—	1.52

2.3.3　暖云的垂直结构特征

对沈阳地区的暖云出现频率进行分析发现，暖云的出现频率较冷云明显偏低。其中 MCW 天气系统控制下，暖云的出现频率较大，为 29.77%，其次为 MCV 和 CF，出现频率分别为 23.18% 和 22.58%,SC 系统下,暖云的出现频率最低,为 18.18%,这与 CloudSat 卫星的分析结果有所不同。

四种天气系统影响下,暖云的云层数目最大为 3 层。同样,有云条件下,暖云中单层云的云层出现频率也最大,其中 CF、MCW、SC、MCV 控制下单层暖云的出现频率分别为 76.47%、84.29%、88.89% 和 89.36%。多层暖云出现的频率较低,仅在 MCV 中有三层暖云出现,出现频率为 4.26%。

图 2.11 给出了沈阳地区四种天气系统控制下暖云的平均分布特征,可以看出,沈阳地区暖云的平均位置分布也都低于 5 km,云层厚度大多小于 1 km。表 2.9 给出了沈阳地区不同天气系统控制下暖云的平均位置。可以看出,就单层云而言,各天气系统影响下平均云底高度相差不大,主要在 1.06~1.20 km 之间,而云顶高度普遍较低,在 1.68~2.09 km 之间。单层暖云的云厚也较薄,平均厚度均低于 1 km。其中,MCW 的单层云的云厚稍厚,可以达到 0.98 km,而 MCV 的单层云云厚最薄,仅为 0.59 km。多层暖云出现的比例较低,每个天气系统影响时个例数仅为 2~5 个,因此其统计特征并不显著。但仍可看出,随云层数目的增加,顶层云云顶高度增加。由于暖云的出现频次较低,所以不做其随高度变化的分析。

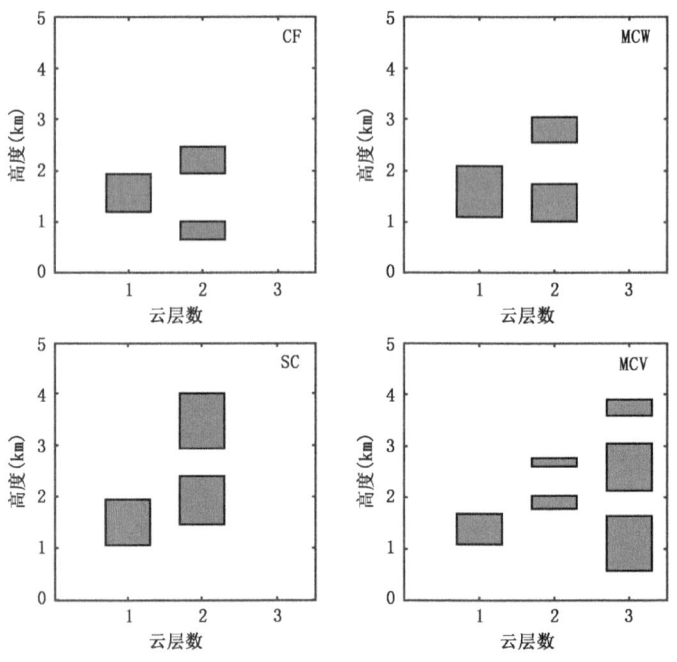

图 2.11 沈阳地区不同天气系统影响下暖云的平均分布特征

表 2.9　沈阳地区不同天气系统影响下暖云的平均位置(km)

云层数目	云层次	位置	CF	MCW	SC	MCV
单层云	L1	云底	1.20	1.11	1.06	1.09
		云顶	1.94	2.09	1.94	1.68
双层云	L1	云底	0.66	1.02	1.46	1.78
		云顶	1.01	1.74	2.40	2.04
	L2	云底	1.95	2.56	2.93	2.61
		云顶	2.47	3.04	4.00	2.77
三层云	L1	云底	—	—	—	0.57
		云顶	—	—	—	1.64
	L2	云底	—	—	—	2.13
		云顶	—	—	—	3.05
	L3	云底	—	—	—	3.59
		云顶	—	—	—	3.90

对沈阳地区暖云的云夹层厚度进行分析(表 2.10),可以看出,暖云的云夹层厚度也主要在 1 km 以下,这与 CloudSat 的分析结果一致。

表 2.10　沈阳地区不同天气系统影响下暖云云夹层的厚度(km)

云层数目	各云层间距	CF	MCW	SC	MCV
双层云	L2—L1	0.94	0.81	0.53	0.57
三层云	L2—L1	—	—	—	0.49
	L3—L2	—	—	—	0.54

2.4　本章小结

对探空仪的主要类型及其湿度传感器性能进行了简要介绍,归纳出探空仪湿度测量的误差主要源自污染误差、使用年限误差、校准方法误差、响应时间误差以及太阳辐射误差等。从探空仪湿度测量误差的研究现状来看,芬兰、瑞士和美国等国生产的探空仪性能较为优良,我国业务上广泛使用的 L 波段探空仪技术水平仍有待于进一步提高。开展相关研究的学者应该充分考虑探空仪型号不同和湿度测量误差的差异给云识别的准确性造成的影响。

综合来看,不同原因导致的湿度测量误差均会或多或少地造成湿度测量的干偏差。其中,太阳辐射导致的干偏差在白天要高于夜间,因此对云层识别的准确性造成的影响白天也要大于晚上,即白天识别的中、高云位置较夜晚低。除受太阳辐射的影响外,干偏差的大小受温度的影响显著,由于低温条件下,湿度传感器灵敏度下降,会导致识别云底的准确性高于云顶(一般温度随高度是降低的),而且对于对流层中高层,由于传感器灵敏度降低导致识别的中、高层云位置会比实际偏高。除此之外,对于L波段探空仪而言,还要考虑湿度异常偏低导致的云层识别失败,以及由高湿到低湿反复变化后,湿度响应滞后导致的云层位置偏高或者无法识别出云层的情况。因此在利用探空湿度进行云识别时,应充分考虑探空仪型号以及测量误差对云系识别造成的影响。

随着技术的不断发展,新的传感器结构和湿敏材料不断涌现。我国在湿度传感器设计和校准算法的改进方面也在不断地进行努力,开展了湿敏电容(卞晓月 等,2014)、电容式湿度传感器结构和工艺制备方法(罗毅 等,2014)以及神经网络、支持向量机(SVM)等软件补偿方法方面的研究(许超,2015;丁广华 等,2013;冒晓莉 等,2015)。相信在不久的未来,随着探空系统研究工作的进一步深入,我国一定能够达到更高水平的探测能力,跻身于世界先进水平。

利用沈阳站四种天气系统过境时的探空数据进行云识别及云垂直结构分析。研究发现,不同天气系统影响下,沈阳上空云层的出现频率均较高($>80\%$)。有云条件下,云层同样以单层云为主,多层云中以双层云为主,云层出现频率随云层数目的增加而降低;单层云的云厚较多层云厚度大,其中,SC影响下的单层云厚度高达7.49 km,而MCW影响下,单层云厚度最小,为3.20 km;不同系统影响下,多层云的分布没有一致的变化规律,一般随云层数目的增加,相同层次的云层高度及平均厚度降低;有云条件下,冷云的出现频率是暖云的2倍以上,暖云主要出现在5 km以下,而冷云可以发展到较高的高度;四种天气系统下,沈阳地区低云的出现频率($\geqslant 39\%$)较中、高云高,其中,MCW影响下的中、高云出现频率最高(60.31%),而MCV最低(57.51%),因此,沈阳地区MCW影响下的中、高云云底高度也较高。相比其他系统,沈阳地区SC影响下的云层发展同样较为旺盛,云底较低而云顶较高,云层较深厚;云夹层厚度40%以上在1 km以下,而且随着云层数目增加,低于1 km的云夹层所占的比例增加。

第3章 基于 CloudSat 卫星产品的降水云识别指标

CloudSat 卫星资料已经被用于分析某种典型天气系统的云垂直结构特征(钟水新 等,2011;陈英英 等,2011)或者是区域云垂直结构特征(Luo et al.,2008;王胜杰 等,2010;王帅辉 等,2011;彭杰 等,2013;陈超 等,2014),这些研究大都是针对所有云系进行的统计分析。而研究表明,降水云和非降水云垂直结构特征存在很大的差异(尚博 等,2012;刘雪梅 等,2016),人工影响天气作业更关心的是降水云系的垂直结构特征。我国幅员辽阔,不同地区的云垂直结构特征具备一定的差异,降水云系的特征指标也不相同。

本章着重讨论四个季节降水云系与非降水云系在垂直结构上差异,在此基础上建立人工增雨作业云系垂直结构模型,并建立人工增雨作业条件识别指标。

3.1 资料介绍

选择东北区域(39°~53°N,119°~135°E)作为研究对象。研究时段为2007—2010年。CloudSat 卫星一日过境2次,一共得到1594条轨道约 2×10^6 个采样点的数据。

选取的 CloudSat 卫星资料包括以下3种:L3 月平均云量产品 3D-CloudFraction、CloudSat L2 云分类产品 2B-CLDCLASS-LIDAR 和欧洲中期天气预报中心 ECMWF-AUX 产品。

月平均云量产品(3D-CloudFraction)是 CFMIP(The Cloud Feedback Model Inter-comparison Program)计划的输出产品之一。该计划主要是基于卫星观测资料估测气候和天气预报模式中的云和辐射的信息,使用的卫星包括 CALIPSO 卫星和 CloudSat 卫星等。3D-CloudFraction 产品是 CALIPSO 的1级数据产品的衍生产品,水平分辨率是 2°×2°,垂直分辨率为 480 m,探测垂直范围是 0~19.2 km。该产品是覆盖全球范围的 netcdf 格点数据,读取网格点为(39°~53°N,119°~135°E)区间的数据,从而得到东北地区不同高度层昼间、夜间有云出现的概率、晴空的概率。除了进行昼夜差异的对比分析外,还进行了季节差异的对比分析。由于该数据产品提供的是月平均值,为了形成统一直观的对比结果,对符合条件的月份求取均值来进行对比分析。

云分类产品是基于 CALIOP 与 CPR 探测的回波数据,以及 A-train 系列卫星数据通过分析有无降水、云底高度(H_{base})、云层厚度(T_c)、云顶高度(H_{top})、云顶温度、雷达反射率因子(Radar Reflectivity Factor,Ze)等参数联合反演得到每个高度层上的云层数(Cloudlayers)、每层云的云底高度(Layerbase)、云顶高度(Layertop)以及降水标志(PrecipitationFlag),并将探测到的云层归为 8 个不同类别。Cloudlayers 取值范围是 1~5。PrecipitationFlag 有 5 种输出,-1 代表不确定,0 代表不产生降水,1 代表液态降水,2 代表固态降水,3 代表可能是小雨。将 0 确定为非降水样本,1、2、3 确定为降水样本。按照常规气象定义,3、4、5 月为春季,6、7、8 月为夏季,9、10、11 月为秋季,12、1、2 月为冬季。根据样本的季节、云层数、是否产生降水对其进行分类统计。

ECMWF-AUX 产品是欧洲中期天气预报中心提供的将大气状态参数进行时间和空间插值到 CloudSat 卫星的每个距离库得到的,这里主要使用其温度、气压数据。

通过数据处理,可以得到东北地区 2007—2010 年的云量及云系的垂直结构特征(包括云层数、云底高度、云顶高度等)。

3.2 云垂直结构特征

3.2.1 云量的垂直廓线的昼夜分布及季节分布

对 2007—2010 年东北地区月平均云量进行分类求平均得到平均云量廓线的昼夜分布及季节分布。

图 3.1(a)是平均云量的昼夜分布,可以看出云量垂直廓线呈双峰分布特征,在低云区(2 km 处)和高云区(8 km 处)各存在一个云量峰值区 7% 和 9%。白天(红线)在各个高度上的云量都要大于夜间,表明白天地表温度高,上升运动强,易形成云。

图 3.1(b)给出了平均云量廓线的季节分布,冬季云量峰值区有 2 个,高云区(云量约 7%)位于 6 km 处,低云区(云量约 8%)位于 2 km 处,以低云为主,云量较少,是由于冬季受极地气团控制,空气干燥。春秋季节呈现出相似的分布特征,秋季各

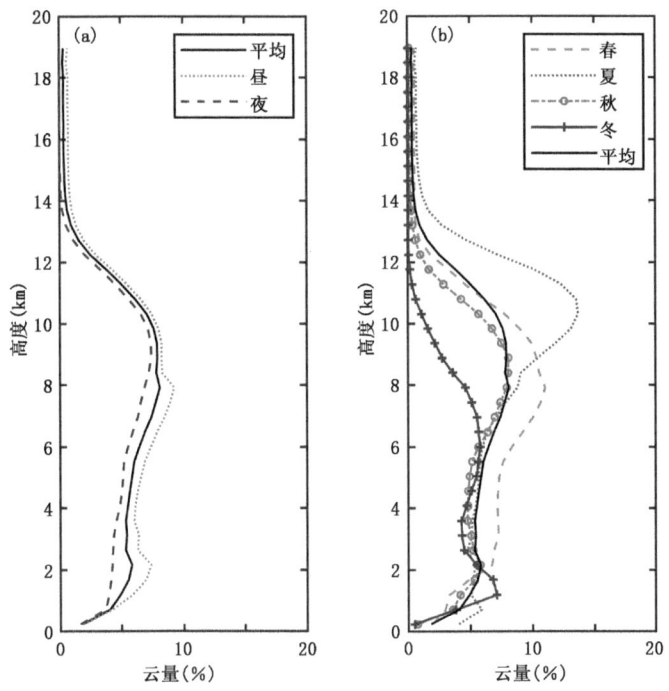

图 3.1 平均云量廓线昼夜分布(a)及季节分布(b)(附彩图)

高度层云量分布比较平均,云量峰值区(约 8%)位于 9 km 处,由于秋季主要受高压控制,天气晴朗少云。春季 2～9 km 处的云量明显多于其他季节,云量峰值区(约 13%)位于 8 km,是由于春季东南季风将海面水汽输送到陆地,加之锋面活动频繁,锋面抬升易形成大面积层状云系。夏季中低云区云量与秋冬季节相当,但高云区的云量明显增多,云量峰值区(约 17%)可以上升到 9～12 km,是由于夏季对流运动增强,云系发展旺盛。

3.2.2 云出现频率

3.2.2.1 按云层数划分

2007—2010 年共得到 1163772 个云样本,从云层数来划分,单层云样本数为 890670,占 76.5%,双层云样本数为 241942,占 20.8%,多层云仅占 2.7%。在 1163772 个云样本中,产生降水的样本有 177279 个,仅占 15.2%,说明自然界中产生降水的云较少。图 3.2 给出了不同季节降水云和非降水云出现的频率。统计表明,春季云样本出现的频率为 72%(单层云、双层云、多层云分别占 54%、16%、2%;降水

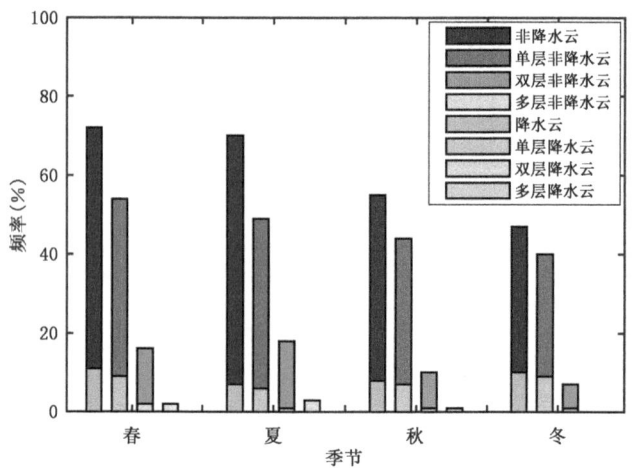

图 3.2 东北地区不同云系出现的频率(附彩图)

云、非降水云分别占 10%、62%)。夏季云样本出现的频率为 70%(单层云、双层云、多层云分别占 49%、18%、3%;降水云、非降水云分别占 7%、63%)。秋季云样本出现的频率为 56%(单层云、双层云、多层云样本分别占 45%、10%、1%;降水云、非降水云分别占 8%、48%)。冬季云样本出现的频率为 48%(单层云、双层云、多层云分别占 40%、7%、1%;降水云、非降水云分别占 11%、37%)。可以看出,春季云样本和降水云样本的频率均要高于夏季,这与东北地区春季降水少、夏季降水丰沛的情况不一致,分析其原因有二:一是由于仪器的采样方式及春夏季节主要的云系水平尺度不同。CloudSat 卫星一天过境 2 次,每次过境时对星下点连续采样。东北春季主要以层状云系为主,由于其水平尺度大且持续时间长,被仪器捕捉到的概率较高;而夏季多以对流云系为主,虽然其垂直发展旺盛,但水平尺度相对小且分散,产生强降水的持续时间短,被仪器捕捉到的概率较低。二是夏季云量与降水的相关性小于春季(吴伟 等,2010),常产生局地强降水。因此出现了云频率与降水分布不一致的情况。从云层数来看,全年均是单层云所占比重最大、双层云其次、多层云(三层及以上)很少。夏季的双层云及多层云出现频率最高,冬季最低。降水主要源自单层云,双层云其次,多层云最少。双层云的降水均由低层云产生。由于多层云样本比例较低,因此后续工作仅针对单层云和双层云展开。云层数越多,每层云的厚度会减小,云体发展不充分,产生降水的可能性越低,说明东北地区的降水云,以单层云为主,是人工增雨的主要对象。

3.2.2.2 按云底高度划分

非降水性云云底高度分布较为平均,单层云为低云频率略高,双层云为高-低云配置的频率略高,没有明显的季节差异。针对降水云样本统计分析得到,单层降水云几乎都为低云,四个季节其出现频率分别为 99.74%、99.66%、99.79% 和 99.91%。双层降水云主要以高-低云配置和中-低云配置为主,春、夏、秋、冬四个季节高-低云配置出现的频率分别为 61.17%、91.05%、62.23% 和 57.35%;中-低云配置出现的频率分别为 27.24%、4.75%、26.44% 和 24.37%。低-低云配置的降水云也有一些,但这类云系通常云体较薄,不会产生持续降水,量级也较小。不存在高-中云配置的降水云,是由于低层云底高度过高,液态水不丰沛,难以产生自然降水。

3.2.2.3 按云体温度划分

东北地区气温较低,以冷云为主,暖云很少。经统计分析得到,单层降水云几乎都为冷云,春、季、秋、冬四季出现频率分别为 99.91%、98.51%、99.65% 和 100%。双层降水云也几乎都是双层冷云配置,春、夏、秋、冬四季出现频率分别为 99.53%、93.23%、95.75% 和 100%。

3.2.2.4 按云相态划分

2B-CLDCLASS-LIDAR 中提供云相态产品 Cloud Phase,将云分为冰云、冰水混合云和水云三类。东北地区水云较少,春季和秋季单层降水云冰云和混合云的比例相当,春季的冰云和混合云的比例分别为 55.90% 和 42.63%,秋季的冰云和混合云的比例分别为 48.00% 和 48.85%。夏季以混合云为主,约占 92.58%,水云其次(6.79%)。冬季以冰云为主(76.14%),混合云次之(22.65%)。双层降水云高层几乎都为冰云,春季高层为冰云,低层为冰云、混合云的比例分别为 39.24%、44.21%;秋季双层冰云、冰云加混合云的比例分别为 28.58%、48.59%;夏季以冰云加混合云的配置为主(66.6%),其次是冰云加水云(17.09%);冬季以双层冰云为主(59.84%),其次是冰云加混合云(27.53%)。

3.2.2.5 按云类型划分

Cloudsat 卫星提供云类别的产品,将云分为 8 类:卷云(Ci)、积云(Cu)、深对流云(Dc)、高层云(As)、层云(St)、雨层云(Ns)、高积云(Ac)、层积云(Sc)。图 3.3 给出了单层降水云的云类别分季节出现频率的统计特征。可以看出,云类别分布的季节差异不明显。单层降水云以雨层云为主,其次是层积云和积云,夏季的深对流云出现的频率很高,仅次于雨层云。实际统计发现层云数量很少,是由于 CPR 区分层云和层积云存在一定的困难。

图 3.4 给出了双层降水云的云类型分布频率,横坐标代表高层,纵坐标代表低层,填色代表频率。可以看出,双层云的高层以卷云和高层云为主,低层以雨层云、

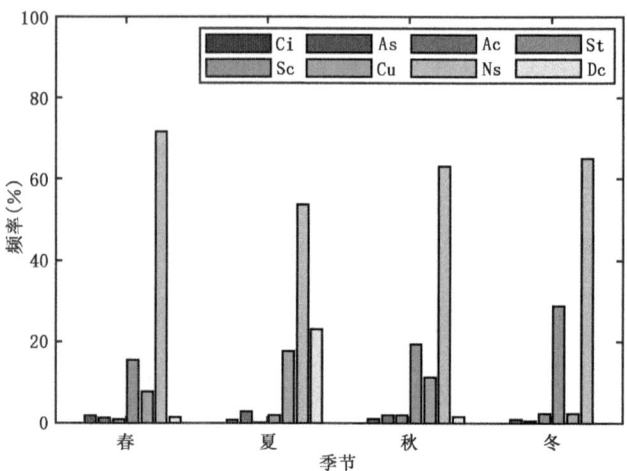

图 3.3 东北地区单层降水云中各类云出现的频率（附彩图）

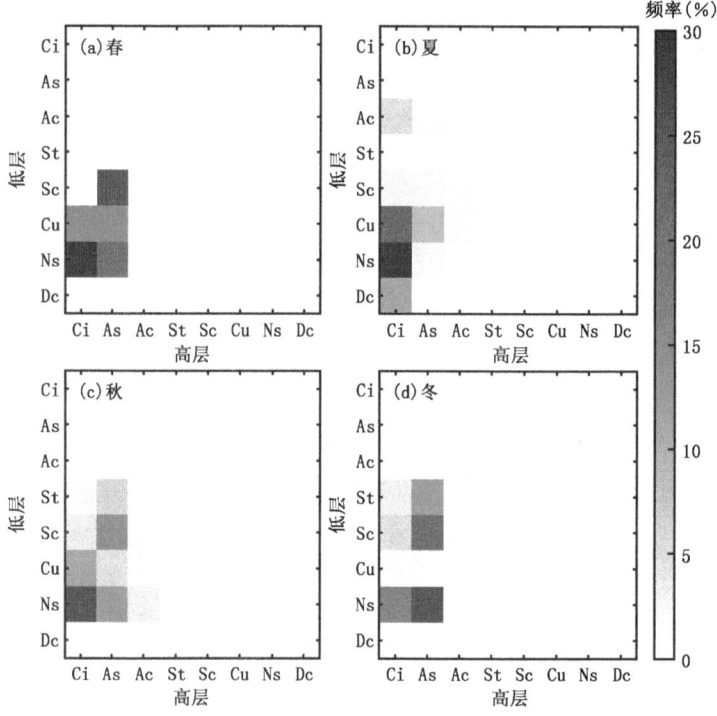

图 3.4 东北地区双层降水云中各类云出现的频率

层积云、积云为主。春季主要的云类型是卷云-雨层云、高层云-雨层云、高层云-雨层云、卷云-积云;夏季主要的云类型是卷云-雨层云、卷云-积云、卷云-深对流云;秋季主要的云类型是卷云-雨层云、卷云-层积云、高层云-雨层云、卷云-积云;冬季主要的云类型是高层云-雨层云、高层云-层积云、高层云-层云。总体来看,无论是什么季节,降水性双层云都是以高低云和中低云相互伴随出现的频率较高。

3.2.3 云垂直结构特征

对降水云及非降水云进行云垂直结构参数(包括云底高度/温度、云顶高度/温度、云厚度、云夹层厚度)的统计分析发现(表3.1—表3.6),单层降水云与非降水云在垂直结构上的差异主要体现在云底高度/温度和云厚度上,双层降水云与非降水云的差异主要体现在低层(后文所述双层云的云底高度/温度和云厚均指低层参数),其中,云底高度/温度和云厚度差异明显,夹层厚度也呈现出一定的差异。单层云云底高度/温度分布的箱型图、双层云云底高度/温度分布的箱型图和双层云云夹层厚度分布箱型图见图3.5、图3.6、图3.7。云垂直结构特征见表3.1。

表 3.1 单层云云底高度分布(km)

		5%	25%	50%	75%	95%	均值	标准差
降水云	春	0.56	0.85	1.08	1.34	1.79	1.12	0.40
	夏	0.63	0.92	1.14	1.42	1.88	1.19	0.42
	秋	0.54	0.85	1.10	1.41	1.82	1.14	0.40
	冬	0.40	0.76	1.04	1.30	1.79	1.05	0.42
非降水云	春	1.00	1.86	3.96	6.82	9.16	4.44	2.77
	夏	0.75	1.75	4.89	8.56	10.96	5.31	3.57
	秋	0.67	1.40	2.59	6.15	9.22	3.78	2.88
	冬	0.40	1.15	2.38	4.84	8.05	3.16	2.44

表 3.2 单层云云顶高度分布(km)

		5%	25%	50%	75%	95%	均值	标准差
降水云	春	2.76	5.10	7.45	9.82	12.10	7.46	2.93
	夏	4.85	8.37	10.48	11.80	13.42	9.92	2.60
	秋	2.50	4.17	6.37	8.68	11.32	6.49	2.78
	冬	2.08	3.30	4.95	7.03	9.10	5.27	2.37

续表

		5%	25%	50%	75%	95%	均值	标准差
非降水云	春	2.13	4.67	8.32	10.30	11.98	7.57	3.25
	夏	1.39	4.06	9.76	11.68	13.00	8.15	4.11
	秋	1.36	2.93	5.95	9.52	11.50	6.23	3.52
	冬	1.00	2.44	5.58	7.72	10.00	5.32	2.98

表 3.3　单层云云厚度分布（km）

		5%	25%	50%	75%	95%	均值	标准差
降水云	春	1.65	3.84	6.34	8.69	11.12	6.34	2.99
	夏	3.60	7.20	9.35	10.59	12.35	8.73	2.61
	秋	1.30	3.12	5.28	7.43	10.27	5.35	2.77
	冬	1.22	2.28	3.84	5.86	7.93	4.22	2.31
非降水云	春	0.42	1.20	2.46	4.56	8.03	3.13	2.42
	夏	0.21	0.78	1.86	4.08	8.87	2.84	2.70
	秋	0.21	0.78	1.68	3.45	7.26	2.45	2.22
	冬	0.21	0.78	1.62	3.12	5.77	2.17	1.79

表 3.4　双层云云底高度分布（km）

			5%	25%	50%	75%	95%	均值	标准差
低层降水	高层	春	4.38	5.88	7.03	8.38	9.82	7.11	1.72
		夏	6.06	7.84	9.28	10.60	12.28	9.19	1.92
		秋	4.30	5.91	7.30	8.50	10.84	7.35	1.98
		冬	3.65	5.35	6.25	7.48	8.80	6.36	1.57
	低层	春	0.62	0.94	1.17	1.43	1.83	1.20	0.38
		夏	0.55	0.88	1.12	1.38	1.85	1.15	0.40
		秋	0.53	0.89	1.24	1.57	1.99	1.24	0.46
		冬	0.41	0.76	1.01	1.31	1.96	1.07	0.46
双层无降水	高层	春	4.00	6.01	7.60	8.80	10.38	7.41	1.94
		夏	3.85	7.07	8.80	10.24	11.74	8.49	2.33
		秋	3.43	5.61	7.24	8.56	10.24	7.08	2.07
		冬	2.97	4.84	6.28	7.63	9.16	6.19	1.93
	低层	春	0.82	1.44	2.19	3.79	6.49	2.80	1.81
		夏	0.55	1.27	2.02	3.94	7.36	2.80	2.09
		秋	0.61	1.26	1.87	3.41	6.16	2.48	1.73
		冬	0.37	0.90	1.45	2.82	5.92	2.09	1.69

表 3.5 双层云云顶高度分布(km)

			5%	25%	50%	75%	95%	均值	标准差
低层降水	高层	春	5.71	7.78	9.16	10.30	11.98	9.03	1.80
		夏	7.96	10.12	11.35	12.28	13.78	11.15	1.78
		秋	5.76	7.48	8.92	10.36	12.16	8.92	2.03
		冬	5.33	6.97	7.84	9.16	11.14	8.05	1.75
	低层	春	2.48	3.47	4.48	5.91	8.05	4.81	1.74
		夏	3.61	5.08	6.62	8.13	10.06	6.68	2.00
		秋	2.41	3.44	4.63	6.09	8.80	4.99	1.98
		冬	1.93	2.85	3.63	4.78	6.85	3.96	1.56
双层无降水	高层	春	5.71	8.32	9.70	10.96	12.28	9.45	1.99
		夏	4.81	9.58	11.08	12.10	13.12	10.48	2.39
		秋	4.60	7.42	9.16	10.48	11.62	8.83	2.12
		冬	4.39	6.64	7.96	9.22	10.96	7.85	1.96
	低层	春	1.48	2.80	4.21	6.01	8.32	4.49	2.13
		夏	1.06	2.18	3.97	6.01	9.40	4.36	2.58
		秋	1.15	2.23	3.72	5.47	7.99	4.01	2.15
		冬	0.85	1.72	2.99	5.04	7.46	3.49	2.11

表 3.6 双层云云厚度、夹层厚度分布(km)

			5%	25%	50%	75%	95%	均值	标准差
低层降水	高层	春	0.39	0.90	1.62	2.64	4.53	1.92	1.30
		夏	0.42	0.84	1.62	2.70	4.56	1.96	1.36
		秋	0.36	0.77	1.26	2.22	3.75	1.57	1.10
		冬	0.39	0.75	1.37	2.28	3.96	1.69	1.27
	低层	春	1.20	2.17	3.23	4.80	6.97	3.61	1.81
		夏	2.40	3.93	5.52	6.96	8.87	5.53	2.02
		秋	1.08	2.16	3.57	5.04	7.44	3.76	2.03
		冬	0.96	1.68	2.52	3.64	5.76	2.88	1.53
	夹层	春	0.86	1.34	2.06	3.03	4.68	2.30	1.19
		夏	0.90	1.42	2.16	3.30	5.30	2.51	1.46
		秋	0.86	1.35	2.07	3.15	4.80	2.35	1.25
		冬	0.84	1.26	2.07	3.33	5.12	2.41	1.35

续表

			5%	25%	50%	75%	95%	均值	标准差
双层无降水	高层	春	0.42	0.96	1.68	2.82	4.74	2.04	1.41
		夏	0.42	0.84	1.56	2.71	5.04	1.98	1.50
		秋	0.36	0.77	1.44	2.40	4.23	1.75	1.29
		冬	0.36	0.69	1.30	2.28	4.16	1.66	1.23
	低层	春	0.21	0.60	1.30	2.40	4.56	1.69	1.39
		夏	0.21	0.45	0.90	2.16	5.10	1.56	1.65
		秋	0.21	0.48	1.11	2.16	4.32	1.53	1.33
		冬	0.21	0.48	1.05	1.92	4.08	1.40	1.19
	夹层	春	0.85	1.44	2.46	3.96	6.50	2.91	1.80
		夏	0.96	1.86	3.66	6.06	8.79	4.14	2.57
		秋	0.87	1.47	2.54	4.20	6.99	3.06	1.98
		冬	0.81	1.29	2.22	3.72	6.12	2.70	1.74

从图3.5可以看出单层降水云云底高度通常较低，且分布较为集中，大部分位于1 km左右，云底高度分布没有明显的季节差异。同时，降水云云底温度较高（除冬季外，大部分位于－5 ℃以上），由于东北地区四季分明，地表温差大，云底温度呈现出

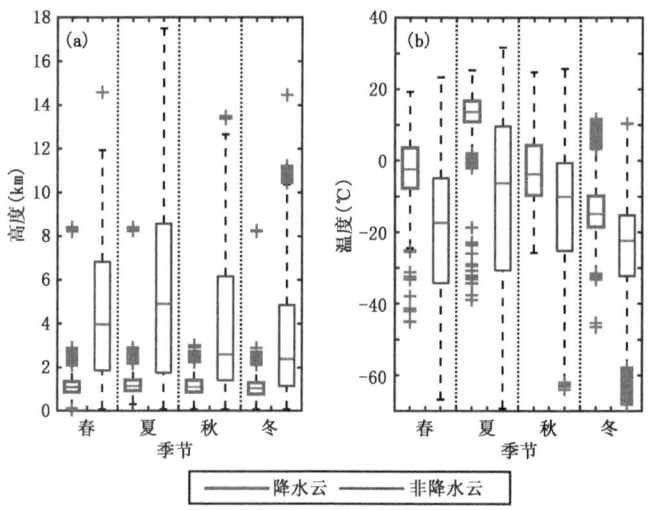

图3.5 东北地区单层降水云和非降水云云底高度(a)及温度(b)四季差异箱型图（附彩图）
（箱体中红色实线为中位数，箱体下、上边界分别为第一和第三、四分位数，箱体垂直延伸的线条表示分布的扩展长度，代表第一和第三分位数差值的1.5倍，其中"＋"代表在此范围之外的观测点。下同）

比较明显的季节差异,夏季云底温度分布更为集中非降水云云底高度通常在 2 km 以上,且较为分散。同时云底温度较低,且较为分散,大部分位于 −10 ℃ 以下。图 3.5(a) 可以看出降水云与非降水云厚度的差异很明显,降水云云厚度更厚,夏季降水云最厚,厚度能达到 7 km 以上,春秋次之,大多在 4 km 以上,冬季最薄也超过 3 km。而非降水云的云厚度基本都小于 4 km,没有明显的季节差异。

图 3.6 给出了双层云云底高度/温度分布的箱型图。与单层云类似,云底高度较低,且分布较为集中,大部分位于 1 km 左右,云底高度分布没有明显的季节差异,非降水云的云底高度通常在 1.5 km 以上,且分布较为分散。同时,云底温度较高(除冬季外,大部分位于 −5 ℃ 以上),由于东北地区四季分明,地表温差大,云底温度呈现出比较明显的季节差异,即夏季云底温度最高,春秋次之,冬季最低。降水云与非降水云云底温度的差异不如云底高度显著。由图 3.7(b) 看到,降水性云的厚度通常在 2 km 以上,而非降水云厚度通常在 2 km 以下。同时,降水云的夹层厚度更薄,大都小于 3 km,且分布较为集中。

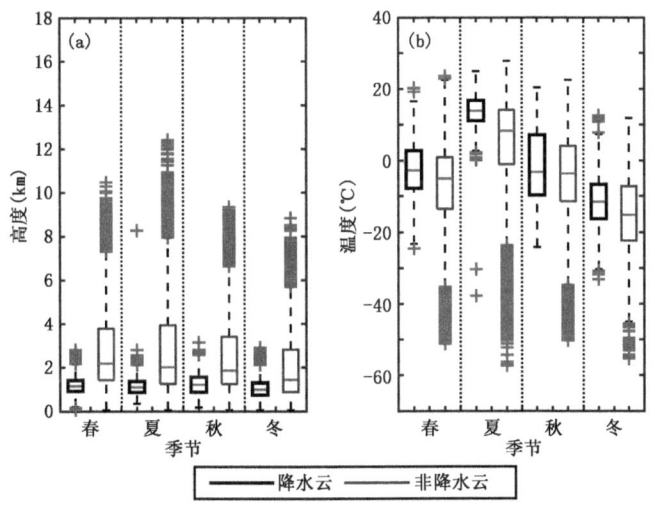

图 3.6 东北地区双层降水云和非降水云云底高度(a)及温度(b)四季差异箱型图

3.3 不同季节云系人工增雨作业指标

在对东北地区降水云和非降水云垂直结构特征进行统计分析的基础上,采用点双列相关系数来计算云垂直结构参数与云是否产生降水的相关系数,提取相关性较高的因子作为参数,以 TS 评分作为依据,归纳出东北地区人影作业指标。

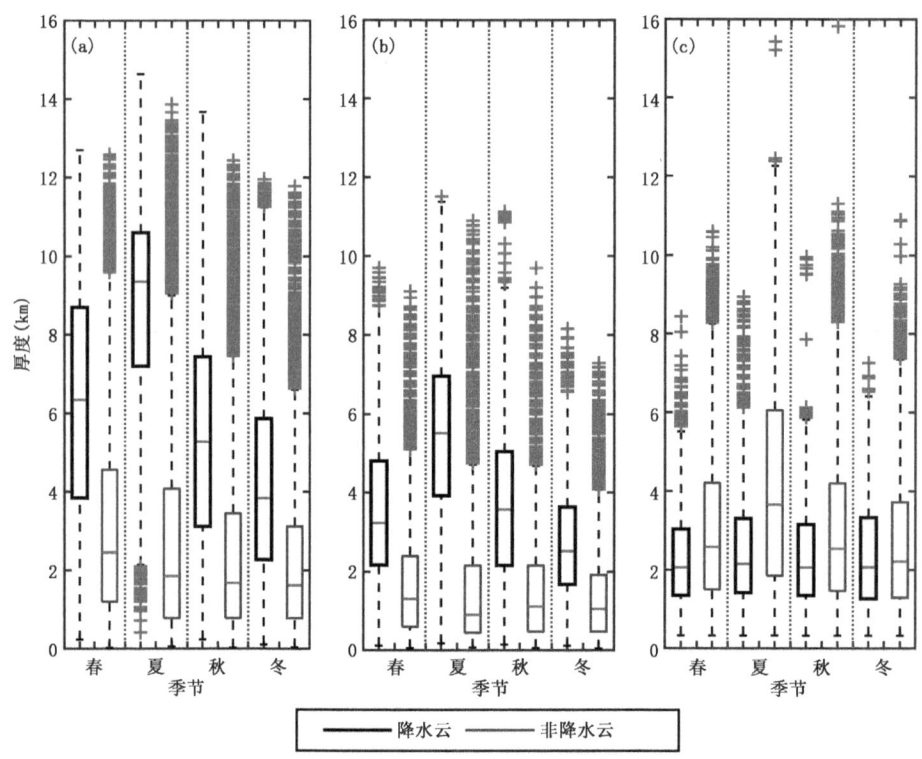

图 3.7 东北地区单层云云厚(a)、双层云云厚(b)和夹层厚度(c)降水云和非降水云四季差异箱型图

由于云结构特征参数是连续型因子,降水发生与否为 0,1 变量,所以不直接求出其相关系数,而是求出其点双列相关系数(刘宸钊 等,2010)。具体而言,当 x 是连续型因子,y 是 0,1 变量,它们之间的相关系数为:

$$r = \frac{\overline{x}(1)-\overline{x}}{S_x}\left(\frac{P}{1-P}\right)^2 \qquad (3.1)$$

式中,$\overline{x}$ 为因子 x 的平均值,$\overline{x}(1)$ 为在 $y=1$ 时 x 的平均值,P 为事件 $y=1$ 出现的频率,S_x 为因子的样本标准差。

表 3.7、表 3.8 分别给出了单/双层云云结构特征参数与是否产生降水的点双列相关系数。由表 3.7 可以看出,就单层云而言,云厚度与降水的相关系数最高,呈正相关,即云越厚,产生降水的可能性越大;云底高度与降水的相关系数其次,呈负相关,即云底高度越低,产生降水的可能性越大。云底高度低且云体较厚的云,上部存在冰晶,下部存在丰沛的过冷水,易产生自然降水。云顶高度相关系数最低,夏、秋

呈正相关,说明夏季对流发展旺盛,易产生降水;春、冬呈负相关,但数值相对夏秋较小,说明春、冬云顶高度越高,冰晶含量过多,不易产生降水。基于以上分析,单层云指标采用云厚度和云底高度两个参数结合来拟定。

表 3.7 单层云云结构参数与降水的点双列相关系数

	春	夏	秋	冬
LB	−0.4353	−0.3660	−0.3497	−0.3774
LT	−0.0130	0.1422	0.0286	−0.0073
CT	0.4254	0.5749	0.4228	0.4088

注:LB 代表云底高度,LT 代表云顶高度,CT 代表云厚度。下同。

由表 3.8 可以看出,与单层云类似,低层云厚度与降水的相关系数最高,呈正相关,即云越厚,产生降水的可能性越大。低层云云底高度与降水的相关系数其次(夏季例外),呈负相关,即云底高度越低,产生降水的可能性越大。夹层厚度再次,呈负相关,即云夹层越薄,产生降水的可能性越大。以上说明,双层云降水样本与非降水样本的垂直结构差异主要体现在低层云上,当低层云的云底高度较低、云体较厚,且夹层较薄时,可以保证云内过冷水丰沛,且高层对低层有引晶作用,容易产生降水。

国内一些研究(尚博,2011;赵姝慧 等,2014)表明云系产生降水在云夹层方面也要具备一定的条件,而统计所得的夹层厚度相关系数不如云底厚度和云厚那样高的原因是存在一些云样本,上层出现卷云导致云夹层厚度增大,而上层卷云对降水几乎没有直接影响。其他参数与降水的相关系数较低。夏季云顶高度与降水相关系数绝对值大于云底高度,综合考虑指标制定的一致性,双层云指标也采用云厚度和云底高度两个参数结合来拟定。

表 3.8 双层云云结构参数与降水的点双列相关系数

	春	夏	秋	冬
LB1	−0.3056	−0.2177	−0.2479	−0.2604
LB2	−0.0520	0.0821	0.0435	0.0367
LT1	0.0511	0.2412	0.1526	0.0925
LT2	−0.0706	0.0774	0.0144	0.0410
CT1	0.4083	0.5386	0.4601	0.4255
CT2	−0.0283	−0.0051	−0.0465	0.0083
CST	−0.1184	−0.1737	−0.1243	−0.0706

注:LB1、LB2 分别代表低层云、高层云云底高度;LT1、LT2 分别代表低层云、高层云云顶高度;CT1、CT2 分别代表低层云、高层云厚度;CST 代表云夹层厚度。

由于降水云比例小,因此选取 TS 评分最高的指标作为最终制定的指标更为合理,据此,得到表 3.9 和表 3.10 所列判别指标。

表 3.9 判定单层云为降水云的指标

	判定单层云为降水云的指标	TS(%)
春	云底高度≤1.4 km,云厚度≥2 km	54.23
夏	云底高度≤1.9 km,云厚度≥4.7 km	55.85
秋	云底高度≤1.8 km,云厚度≥2.4 km	49.37
冬	云底高度≤1.8 km,云厚度≥2 km	53.72

表 3.10 判定双层云为降水云的指标

	判定双层云为降水云的指标	TS(%)
春	云底高度≤1.4 km,云厚度≥1.6 km	40.78
夏	云底高度≤1.8 km,云厚度≥3.3 km	40.71
秋	云底高度≤1.9 km,云厚度≥2.5 km	37.6
冬	云底高度≤1.6 km,云厚度≥1.5 km	46.32

为了更直观地显示,以云顶高度、云底高度的中位数来展示不同季节单层云、双层云的云体位置,如图 3.8 所示。

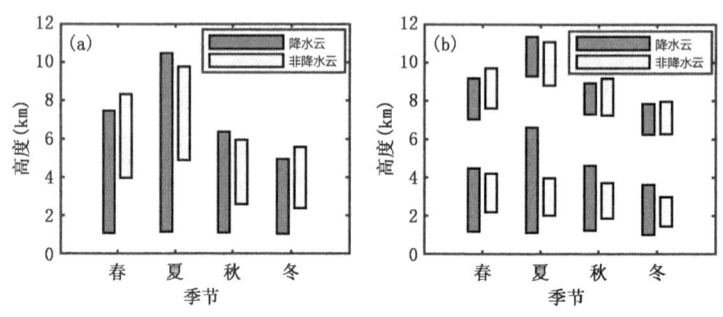

图 3.8 单层云(a)和双层云(b)云体位置

选取云底高度、云厚度的中位数建立东北地区作业云系垂直结构模型,如图 3.9 所示。

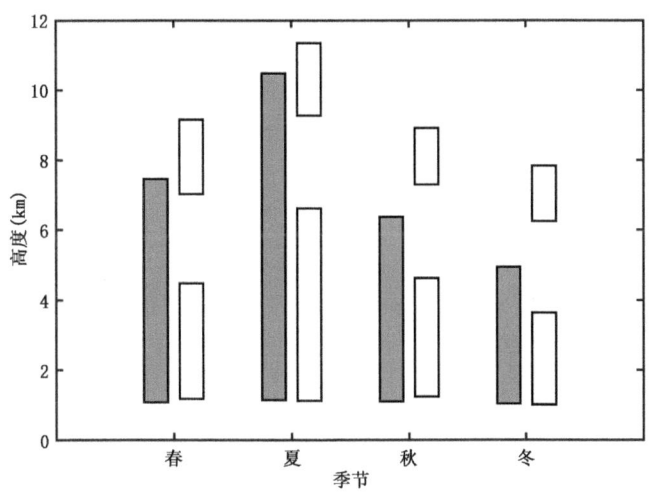

图 3.9 东北地区作业云系垂直结构模型

3.4 本章小结

东北地区云量廓线呈双峰分布特征,有明显的昼夜及季节差异。云以单层云为主,降水也主要产生于这类云系,是人工增雨作业的主要对象。单层降水云以低云、冷云、冰云或混合云为主,主要云类别是雨层云。双层降水云以高低云或中低云配置为主,且都为冷云;高层以冰云为主,主要类型是卷云和高层云,低层以混合云或冰云为主,主要类型是雨层云、层积云、积云。降水云系与非降水云系存在显著的垂直结构差异,双层云的降水由低层产生。云底高度较低、云体较厚且夹层厚度更薄的云易产生降水。同时,降水云云底温度更高,分布呈现出季节差异。

东北地区主要以冷云降水机制为主。层状云系,尤其是层状冷云,是我国北方冬半年的主要降水云系,是缓解北方春季干旱开展人工增雨的主要作业对象(游来光 等,2002)。蔽光高层云、雨层云是飞机人工增雨的主要云系,降水多为连续性和稳定性,影响面积大(王永亮 等,2000)。春季应抓住一些有利时机,积极实施人工增雨缓解春旱。夏季降水丰沛,要根据土壤墒情按需增雨,夏季混合性积雨云降水概率高,而自然降水效率低(周德平 等,2003),是夏季火箭人工增雨的主要对象。在人工影响天气作业中,首先根据指标选取具有作业潜力的云系,然后结合云垂直结构模型及特征层高度来制定人工影响天气作业的参考方案如下。

(1)春季作业高度在 3.0～5.0 km,采用 AgI 在云系上部上升运动较强的区域进行催化。

（2）夏季 2.0~3.0 km 的云底可以采用暖云催化剂进行催化，在 4.0 km 的 0 ℃ 层附近处可以采用致冷剂进行催化，5.5~7.0 km 处采用 AgI 进行催化。

（3）秋季作业高度在 3.5~5.5 km，采用 AgI 在云系上部上升运动较强的区域进行催化。

第4章 基于MODIS卫星产品的降水云识别指标

人工增雨作为开发空中云水资源、增加降水的有效途径,利用云催化技术可以增加5%~25%的降水(陈勇航 等,2005)。云作为人工增雨对象,是可持续利用水资源的重要载体(常倬林 等,2015)。云的宏微观特征作为决定降水强弱的关键因素(Rosenfeld et al.,1994;陈英英 等,2009;周毓荃 等,2011),是人工增雨作业条件的重要选择依据。同时,云水资源评估作为中国气象局人工影响天气中心《人工影响天气业务现代化建设三年行动计划》的工作重点,为了更好地开发空中云水资源,有必要对辽宁省云的宏微观特征及其与降水的相关性展开研究,并建立基于云宏微观参量的降水估算方案。

4.1 MODIS 卫星产品简介

研究使用的是由美国国家航空航天局 Langley 研究中心提供的云和地球辐射能量系统(Cloud and earth radiant energy sensor,CERES)单个卫星视场(Single Scanner Footprint,SSF)Edition4A (https://ceres.larc.nasa.gov/)的 Aqua 中分辨率成像光谱仪(Moderate-Resolution Imaging Spectroradiometer,MODIS)数据。CERES/SSF 资料来自热带测雨卫星(Tropical Rainfall Measuring Mission,TRAM),Terra 和 Aqua 3 颗卫星搭载的云和地球辐射能量系统 CERES 探测器,CERES 包含3个热敏电阻热辐射扫描仪,其中,短波探测器测量地球反射和放射的太阳辐射,窗区探测器测量在水汽窗区地球放射的长波辐射,总的探测器测量总的地球反射和放射的辐射。CERES 单扫描器星下足迹 SSF 是用于研究云、气溶胶和辐射的气候效应的独特产品。每个 CERES SSF 足迹(天底分辨率等效直径为 20 km)包括反射的短波辐射,发射的长波辐射以及窗区辐射和大气顶的辐射通量、具有时空一致的成像仪辐射数据、云特性、气溶胶以及由全球模式和同化办公室提供的固定4维分析的气象数据。

CERES Aqua MODIS SSF Edition 4A 的云产品数据是由 MODIS 反演而来,数据经过重采样,空间分辨率为 20 km。经过重采样后的云参数是按层存放的。当足迹(Footprint)内有且仅有一层云时,无论云高如何均记为低层云。只有当一个星下足迹内有不同的两层云时,才会记为两层云。因此有可能两层都是卷云,也有可能两层云都低于 4 km。

本章对辽宁省(38°43′~43°26′N,118°53′~125°46′E)的云量(Cloud Fraction,CF)、云光学厚度(Cloud Optical Depth,COD)、云顶高度(Cloud Top Height,CTH)、云顶温度(Cloud Top Temperature,CTT)、云顶气压(Cloud Top Pressure,CTP)、云水路径(Cloud Water Path,CWP)、云粒子有效半径(Effective Radius,ER)等进行了分析。由于 COD 为可见光波段的测量结果,因此为了保证数据选取时段的一致性,仅对辽宁省白天的云特性进行了分析。而且为了得到云层的平均特征,在计算云宏微观参量的均值时,不单独考虑云层分层的情况,仅利用云量作为权重进行了加权平均,并将数据插值到了 0.5°×0.5°的格点上。其中,季节划分的方法按常规季节来分类,即春季为 3—5 月,夏季为 6—8 月,秋季为 9—11 月,冬季为 12 月至次年 2 月。在计算季节均值时也利用季节平均云量作为权重对各云参量进行了加权计算。除此之外,为了衡量云层出现的比例,还计算了云层的出现频率(Cloud Occurrence Frequency,COF),是指格点内云出现次数与采样数的比例。值得注意的是,COF 与 CF 是完全不同的概念,其中 CF 代表了云层出现时遮蔽天空的成数,而 COF 是指云层出现的频率。

为了分析降水云与非降水云在宏微观特性上的差异,利用地面小时降水观测数据将卫星数据与地面站点进行了匹配。其中,选取卫星观测时刻与地面观测时间间隔低于 1 小时,且与地面站点相距 10 km 范围以内的卫星云产品代表地面站点上空的云特性,并利用地面的小时雨强作为区分降水云与非降水云以及不同强度降水的标准。

4.2 云宏微观参量的变化特征

4.2.1 云宏微观参量的时空分布特征

图 4.1 给出了辽宁省云宏微观参量的季节分布特征。云层的出现频率(COF)存在明显的时空分布特征。总体而言,西部地区的云层 COF 较东部低,陆地较沿海地区低,这主要是由于辽宁西部处在燕山余脉的背风坡处,过山气流较干燥,不易成云,

第 4 章 基于 MODIS 卫星产品的降水云识别指标

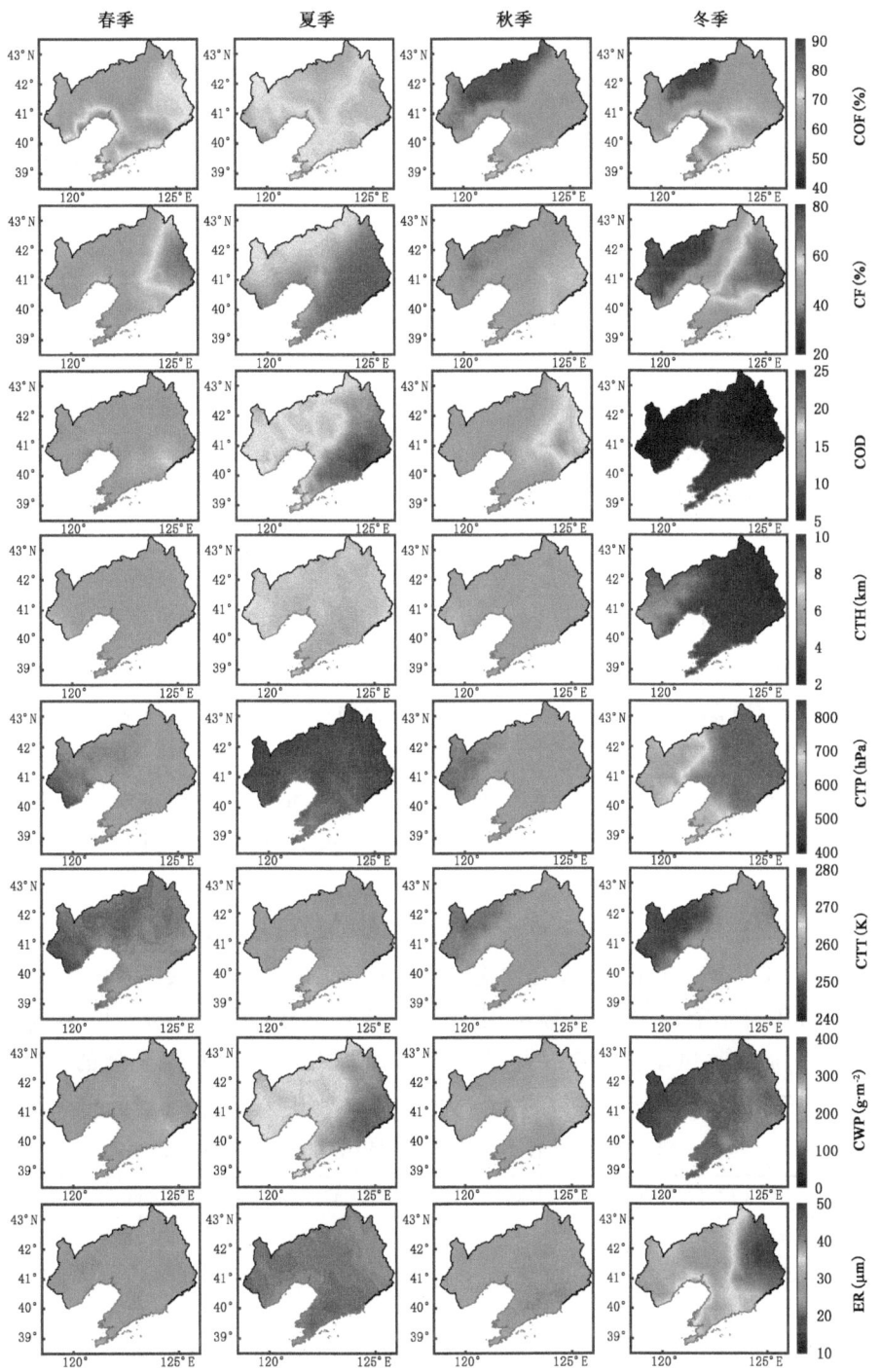

图 4.1 辽宁省云宏微观参量的季节分布特征（附彩图）

而来自海上的湿空气在向陆地的输送过程中,遇东部山区对暖湿气流的阻挡作用,使其被迫抬升而形成云,这也是东部山区多强降水的原因(赛瀚 等,2012;李燕 等,2016)。沿海地区高的云层出现频率可能是由于陆地高浓度的气溶胶为湿空气凝结成云提供了凝结核,从而导致云层的 COF 高于陆地。而就季节变化而言,夏季云层的 COF 普遍偏高,均值可达 71%,春、冬次之(分别为 66.3%、63.3%),秋季最低(59.5%),具体数值见表 4.1。云量 CF 的分布也呈现出明显的时空分布特征,其中夏季的云量最高(62.7%),其次为春季(52.2%),秋、冬季节相差不大,在 46%～49%之间。云量的东(122°E 以东)、西(122°E 以西)分布差异较大,尤其是冬季东、西部云量差异可达 10%以上。

云层的光学厚度(COD)能够在一定程度上代表云层发展的深厚程度。对 COD 分析可知,东部地区的 COD 普遍较西部高。其中,夏季东、西部之间的差异约为 2.54;其次为春季和秋季,分别为 2.45 和 1.83;冬季最低,为 1.35。除了东、西分布差异之外,夏季的 COD 可达冬季的 2.5 倍以上,进一步说明了辽宁省云水资源时空分布差异的显著性。

云顶高度(CTH)、云顶温度(CTT)以及云顶气压(CTP)均能在一定程度上代表云顶发展的高度信息,因此,图 4.1 仅给出了 CTH 的时空分布状况。CTH 的空间分布与 COF、CF 以及 COD 有所不同,西部的云顶高度要高于东部地区,尤其是冬季,西部平均云高要比东部高约 0.7 km,夏季这种区别较小,平均偏高约 0.1 km。这可能是由于冬季水汽条件差,西部地区处于背风坡,水汽条件相对东部更为不利,水汽只有抬升到更高的高度才能凝结成云,而夏季水汽条件较为充沛,使得东、西部的 CTH 差异并不显著。就季节变化而言,夏季云层的平均 CTH 最高(6.5 km),冬季 CTH 最低(3.4 km),而 CTP 则呈成相反的季节变化,夏季最低(501.3 hPa)而冬季最高(707.3 hPa)。CTT 的变化除受云层发展高度的影响,还受环境温度的影响,因此与 CTP 随季节的变化趋势不同,夏季 CTT 最高,可达 258.7 K,秋季次之(255.0 K),而冬季和春季相差不大,但各季节内基本与 CTP 呈现相似的空间分布特征。由 CTT 可知,辽宁省主要以冷云为主,这与刘旸等(2017)的研究相一致。

表 4.1 辽宁省不同季节云宏微观参量的平均值

	COF(%)	CF(%)	COD	CTH(km)	CTT(K)	CTP(hPa)	CWP(g·m^{-2})	ER(μm)
春季	66.3	52.2	12.7	5.4	251.5	556.7	182.9	26.2
夏季	71.0	62.7	17.9	6.5	258.7	501.3	252.1	21.7
秋季	59.5	46.3	14.8	5.4	255.0	567.3	191.9	24.2
冬季	63.3	48.3	7.0	3.4	252.8	707.3	106.2	35.0
年均值	65.0	52.4	13.0	5.2	254.3	580.9	182.0	26.5

云水路径(CWP)和云粒子有效半径(ER)的值分别代表了云内含水量的多少以及云粒子的大小。CWP的时空分布同样是东部高于西部。其中,夏季东、西部差异可达 36.1 g·m^{-2},其次为春季和冬季,分别为 28.6 g·m^{-2} 和 22.2 g·m^{-2},秋季差别最小,为 11.6 g·m^{-2}。除东、西部差异外,夏季 CWP 最高可达 252.1 g·m^{-2},约为冬季的 2.4 倍,这主要是由于夏季较好的水汽条件及动力条件使得云层发展较为深厚,相应的云水条件也要好于其他季节。春季的 CWP 和秋季则相差不大,分别为 182.9 g·m^{-2} 和 191.9 g·m^{-2}。ER 的时空分布与其他变量均有所不同,其中冬季的 ER 最高,可达 35.0 μm,而夏季最低,仅为 21.7 μm,这可能是由于夏季水云的出现比例较高导致的。除冬季外,ER 在东、西部的差异并不显著。但值得注意的是,海洋靠近陆地的地区 ER 的值均较高。

图 4.2 给出了各云宏微观参量年均值的空间分布特征。可以看出,除 CTH 外,其他参量均呈现西低东高的分布特征,这与季节平均的空间分布特征一致,同时也与学者们给出的辽宁省降水西低东高的特征一致(公颖 等,2018;杨文艳 等,2008)。

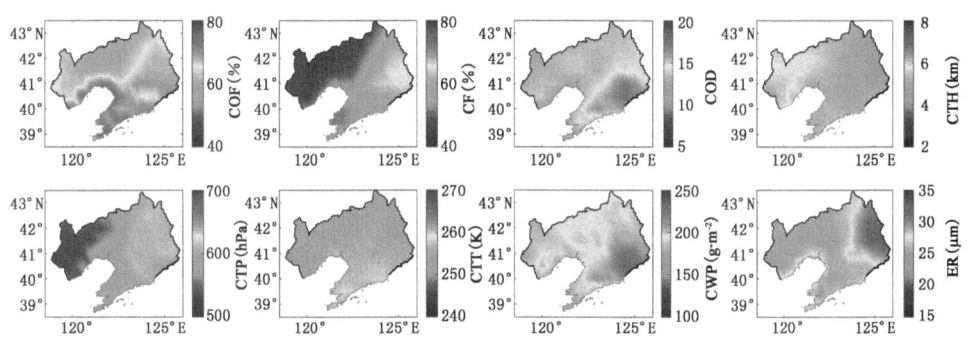

图 4.2　辽宁省云宏微观参量的年均分布特征(附彩图)

4.2.2 云宏微观特征参数随降水的变化

为了分析降水云与非降水云在宏微观特性上的差异,对不同降水强度下的云宏观参量进行了统计。其中,降水的等级划分参考周毓荃等(2011)的分类方法,根据雨强(用每小时降水量 r 表示,单位为 mm·h^{-1})将降水分为无降水、弱降水、一般降水和强降水四档,其中,无降水对应 r 为 0(1 档);弱降水,$r<1$ mm·h^{-1}(2 档);一般降水,1 mm·h$^{-1}\leqslant r<10$ mm·h^{-1}(3 档);强降水,$r\geqslant 10$ mm·h^{-1}(4 档)。通过统计发现,2014—2015 年,所选观测时段内共有 35758 个卫星与地面相匹配的样本,其中有云的样本数为 32561 个,产生降水的有 1501 个,仅对有云条件下的样本进行分析。

图 4.3 给出了不同降水强度下云宏微观特征参数的变化情况。可以看出,随着

降水强度的增加,云特征参数出现有规律的变化。可以看出,降水云与非降水云的 CF 差异显著,其中非降水云的 CF 均值仅为 58.1%,显著低于降水云(>95%,具体见表 4.2)。而且随着降水强度的增加,CF 也有所增大,从弱降水时的 95.4% 增加到强降水时的 98.5%。COD、CTH、CWP 和 ER 等参数均随降水强度的增加而增加,其中降水云的 COD 及 CWP 均为非降水云的 5 倍以上。相比 Liu 等(2008)给出的热带及亚热带降水云与非降水云 COD 的差异(10 倍以上)偏小,这可能是由于其对降水云的分类中剔除了毛毛雨的影响,且热带和亚热带地区云层的发展更为深厚导致的。CTT、CTP 呈相反的变化趋势,这说明降水强度越大的云层越为深厚,云层发展的高度越高,而对应的云顶温度和气压下降,云水含量越多,云粒子越大。

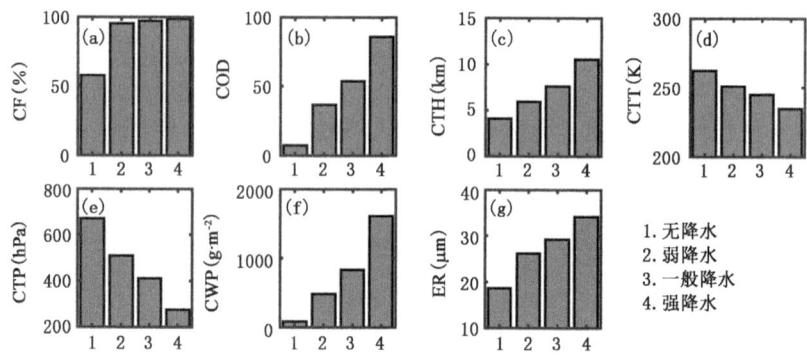

图 4.3 云宏微观特征参数随降水强度的变化
(a)云量;(b)云光学厚度;(c)云顶高度;(d)云顶温度;(e)云顶气压;(f)云水路径;(g)云粒子有效半径

表 4.2 不同降水强度下云宏微观特征参数的平均值

$r(mm \cdot h^{-1})$	CF(%)	COD	CTH(km)	CTT(K)	CTP(hPa)	CWP(g·m^{-2})	CER(μm)
$r=0$	58.1	7.2	4.1	262.4	671.2	79.8	18.6
$0<r<1$	95.4	36.5	5.9	251.0	509.1	476.0	26.2
$1 \leqslant r<10$	97.2	53.5	7.6	245.1	410.9	830.8	29.1
$r \geqslant 10$	98.5	86.2	10.6	234.5	273.8	1614	34.3

4.3 建立降水云识别指标

为了筛选与降水相关性较高的因子从而进行降水云的识别,计算了不同云参数与小时雨强的相关系数。具体计算方法见 3.3 节公式(3.1)。

虽然不同等级降水的云特征参数均呈现一定的变化规律,但具体到不同强度的小时雨强与对应云参量的相关系数,仅有 COD 与 CWP 与小时雨强的相关系数稍高(分别为 0.50 和 0.51),其他参数与雨强的相关系数绝对值普遍低于 0.21,这是由于相比其他主要代表云顶特征的参量而言,COD 与 CWP 这两个参量均在一定程度上考虑了整层云的信息,因此选择 COD 与 CWP 作为降水云的识别因子。

降水云识别是典型的二元预报问题,采用二元检验中常用的 TS 评分和 HSS(Heidke Skill Score)评分作为评估因子,以获得最佳判断阈值。HSS 评分的计算方法如下:

$$\text{HSS} = \frac{2(NaNd - NbNc)}{(Na+Nb)(Nb+Nd)+(Na+Nc)(Nc+Nd)} \tag{4.1}$$

式中,Na、Nb、Nc、Nd 分别代表正确肯定、空报、漏报和正确否定的次数,其中,Na 表示预报和实况均出现降水的次数,Nb 表示预测出现而实况未出现降水云的次数,Nc 表示预报不出现而观测出现降水云的次数,Nd 则表示预测和观测都不出现降水云的次数。TS 的取值范围为 0~1,其中 0 代表无效,1 代表预报效果最好,而 HSS 取值范围为 -1~1,最优值为 1。两个因子的评分值越大,则代表预报精度越高。

图 4.4 给出了 TS 评分及 HSS 评分随 COD 和 CWP 变化的情况,可以看出,随着 COD 与 CWP 的增加,TS 和 HSS 评分的值均呈现先增大后减小的趋势。当利用 COD 为判别因子时,COD 取值为 35 时,TS 与 HSS 值均为最大,分别为 0.31 和 0.44。当利用 CWP 作为降水的判别因子时,CWP 取值为 415 g·m^{-2} 时的 TS 与 HSS 的值最大,分别为 0.32 和 0.45。若选择两者同时作为判别阈值,TS 与 HSS 的值变化不大。因此,综合 TS 评分与 HSS 评分的结果,分别选取 COD 为 35 和 CWP 为 415 g·m^{-2} 作为降水云的识别判据。而且计算发现,利用单一阈值或者两者联合使用对 TS 和 HSS 评分的影响不大。

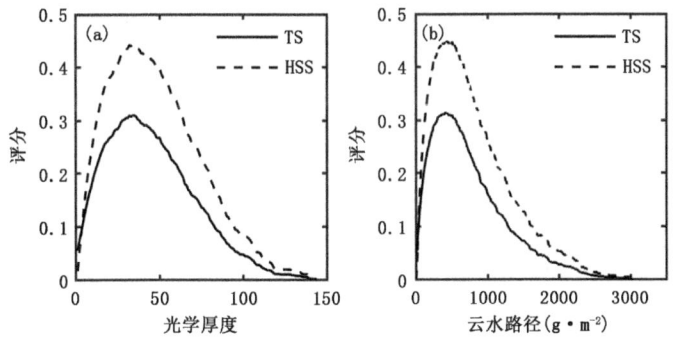

图 4.4 不同光学厚度(a)与云水路径(b)下的 TS 评分(实线)及 HSS 评分(虚线)

图 4.5 给出了不同降水站点的 COD 和 CWP 值分布。图中彩色点的大小和颜色同时代表了取值相比辽宁省均值的高低。可以看出,COD 和 CWP 的取值在辽中地区与最佳值比较接近。在实际使用中,可根据图 4.5 进行适当调整。

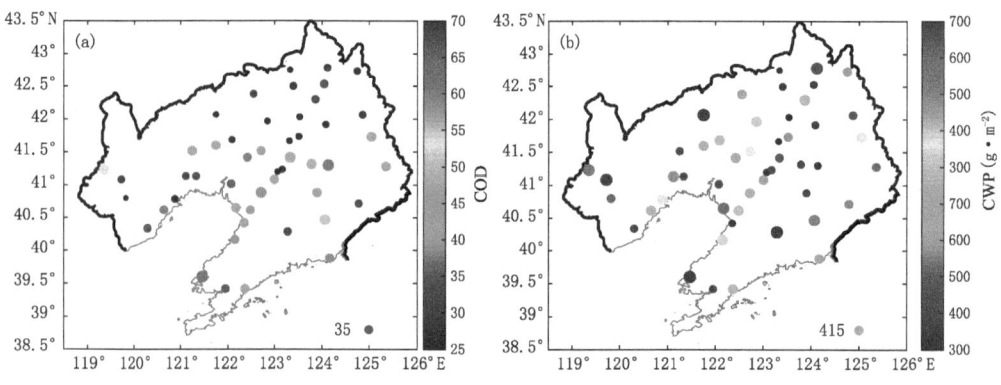

图 4.5　不同站点的最佳 COD(a)与 CWP(b)取值(附彩图)

4.4　本章小结

利用 2014—2015 年 CERES SSF Aqua MODIS Edition4A 的云产品以及地面小时降水数据对辽宁省云宏微观特征参数的时空分布进行了分析,讨论了云特征参数与降水的相关性并利用云光学厚度(COD)和云水路径(CWP)基于 TS 及 HSS 评分建立了降水云的识别方法。通过分析发现:

(1)辽宁省云宏微观参量具有显著的时空分布特征,其中辽西地区云层的 COF、CF、COD 以及 CWP 均低于东部地区,而 CTH 则呈现西高东低的分布特征。就季节变化而言,除 CTP 和 ER 在冬季的值较高外,其他云参量的值均在夏季达到最大,这主要是由于夏季水汽和动力条件较好,导致云层发展得更为旺盛,而冬季固态粒子较多,从而使得 ER 更大。

(2)对不同降水强度下的云特征参数进行统计发现,降水云与非降水云的特征参数差异显著。降水云的 CF 可达 95% 以上,而非降水云 CF 均值仅为 58.1%,而且 COD 和 CWP 等可达非降水云的 5 倍以上。除 CTP 和 CTT 外,其他各云参数均随着降水强度的增加而增加,CTP 和 CTT 则随降水强度的增加而减小。

(3)相比其他参量,COD 与 CWP 与降水强度的相关性较高。通过对两个参量不同取值下的 TS 评分及 HSS 评分值计算发现,TS 评分与 HSS 评分均呈现先增加后减少的趋势。因此分别选择 COD 为 35 和 CWP 为 415 g·m^{-2},即评分值最高时对应的取值作为降水云的识别阈值,而且利用单一阈值或者两者联合使用对 TS 评分和 HSS 评分的影响不大。

值得注意的是,尽管随着降水等级的增强,云特征参量的统计值出现趋势性的变化,但是否出现降水以及雨强大小还与云底高度、云厚等有关,COD 与 CWP 虽能够在一定程度上表征云层的整体信息,但仅依据单一参量进行降水云识别的空报和漏报的概率均较高,分别为 45% 和 55% 左右,说明单一参数对降水事件的指示能力有限,需加强基于多参数识别降水云方法的研究。

第5章 基于 FY-2 卫星产品的降水云识别指标

FY-2 卫星覆盖范围广,是监测大范围云系发展演变的有力手段。国内外利用卫星资料在反演云宏微观参数(King,1987;Nakajima et al.,1990,1991;Rosenfeld et al.,1994)、卫星及其反演产品与地面降水的相关性研究(陈英英 等,2009;蔡淼 等,2010,2011;周毓荃 等,2011;盛日峰 等,2010)等相关研究方向均取得了许多有益的研究成果。卫星反演的云参数与地面降水有着很好的相关性,研究辽宁省卫星反演产品与降水的相关性,对研究进一步认识云降水发展演变规律、提高辽宁省人工影响天气指挥水平,具有十分重要的意义。

本章统计分析辽宁省不同类型云系(层状云、层积混合云、积状云)下卫星反演的云参数与地面降水的关系,在此基础上建立云参数人工影响天气作业指标。

5.1 FY-2 卫星产品及降水天气过程简介

选取 2016—2018 年辽宁省 32 次人工增雨服务过程 FY-2 卫星反演产品和辽宁省 62 个自动站逐小时降水资料。FY-2 卫星是我国第一代静止气象卫星风云二号气象卫星的业务卫星。卫星反演产品是基于 FY-2 卫星遥感观测得到的原始数据经过反演技术得到的若干种云宏微观物理特征参数,并实现业务应用。卫星反演产品的云宏微观物理参数包括云顶高度(ztop)、云顶温度(ttop)、过冷层厚度(hsc)、光学厚度(opt)、有效粒子半径(ref)、液水路径(wp)和黑体亮温(tbb)。FY-2 卫星反演的范围可以任意指定,投影方式为等经纬度投影,水平分辨率是 5.0 km,时间分辨率为 30 min,参数定义如表 5.1 所示。

将多次云降水过程分别做各类云参数和降水的时间序列变化。分析整个降水生命期各云参数和降水的变化特征,验证云参数与降水变化特征,确定云参数与地面降水匹配的时间段。

表 5.1　FY-2 卫星反演产品的云宏微观物理参数

云参数名称	定义
云顶高度(ztop)	指云顶相对地面的距离,单位为千米(km)
云顶温度(ttop)	指云顶所在高度的温度,单位为摄氏度(℃)
过冷层厚度(hsc)	指 0 ℃层到云顶之间的厚度,单位为千米(km)
光学厚度(opt)	指云系在整个路径上云消光的总和,无量纲
有效粒子半径(ref)	指假设云层在垂直方向均匀的条件下,云粒子的有效半径,单位为微米(μm)
液水路径(wp)	指云体单位面积上的液水总量(或叫柱液水量),单位为克每平方米($g \cdot m^{-2}$)或微米(μm)
黑体亮温(tbb)	指卫星观测的下垫面物体(这里是云顶)的亮度温度,单位为摄氏度(℃)

将各类卫星反演云参数按数值大小范围进行分档,其分档规定见表 5.2,以统计云参数在各档的出现频数。

表 5.2　FY-2 卫星各类反演云参数数值分档规定

分档	云顶高度(km)	云顶温度(℃)	有效粒子半径(μm)	光学厚度	液水路径($g \cdot m^{-2}$)	黑体亮温(℃)
1	0～2.5	−45 以下	0～10	0～10	0～100	−70 以下
2	2.5～5.0	−45～−30	10～20	10～20	100～300	−70～−50
3	5.0～7.5	−30～−15	20～30	20～30	300～500	−50～−30
4	7.5～10	−15～0	30～40	30～40	500～700	−30～−10
5	>10.0	>0	>40	>40	>700	>−10

规定某时次、某站点对应的数据集为一个统计样本,包括卫星反演的各类云参数值和地面逐小时降水量观测值。定义降水概率为降水样本数在总样本中所占的比率。

将降水过程按照云系性质分成层状云降水过程、对流云降水过程和层积混合云降水过程三类。其中,层状云降水为大范围的层状云产生的稳定和持续性降水,降水均匀,水平分布范围广,持续时间长;对流云降水为对流云产生的阵性降水,降水不均匀、降水强度大;层积混合云主要是由锋面云系下控制的稳定云团,云系中水平分布不均匀,云团内嵌有对流泡,整个过程降水均匀,在对流较强的时段,降水量会增大。

利用 2016—2018 年辽宁省 32 次降水过程的 62 个国家站点小时雨量和 FY-2 卫星反演云参数数据,将 32 次降水过程根据降水性质分为层状云、层积混合云和积状云三大类进行云结构特征参数云顶高度、云顶温度、有效粒子半径、光学厚度、液水路径和黑体亮温和降水的统计分析。其中,层状云共 18 次(表 5.3),层积混合云共 12 次(表 5.4),积状云共 2 次(表 5.5)。32 次降水过程共 47110 个样本对,其中层状云降水共23723个样本对,层积混合云降水共22713个样本对,积状云降水共674个样本对。

表5.3 18次层状云降水个例清单

序号	起止日期	序号	起止日期
1	2016年3月31日—4月1日	10	2016年7月12日—13日
2	2016年4月11日—12日	11	2016年8月25日
3	2016年4月15日—17日	12	2017年4月17日—18日
4	2016年4月19日—20日	13	2017年5月4日—6日
5	2016年5月2日—4日	14	2017年5月22日—23日
6	2016年5月11日—12日	15	2017年6月6日—7日
7	2016年5月23日—24日	16	2018年4月13日—14日
8	2016年5月24日—25日	17	2018年4月21日—22日
9	2016年6月13日—15日	18	2018年5月17日

表5.4 12次层积混合云降水个例清单

序号	起止日期	序号	起止日期
1	2016年6月9日—11日	7	2018年5月26日—28日
2	2016年7月15日—16日	8	2018年5月29日—30日
3	2017年6月18日—20日	9	2018年6月9日—10日
4	2017年7月1日—2日	10	2018年6月12日—19日
5	2017年7月6日—7日	11	2018年7月4日—8日
6	2018年4月29日—30日	12	2018年9月3日

表5.5 2次积状云降水个例清单

序号	日期	序号	日期
1	2016年6月15日	2	2016年7月12日

5.2 云宏微观参量的变化特征

5.2.1 单云参数数值分布特征

图5.1、图5.2、图5.3分别给出了辽宁省层状云、层积混合云和积状云降水过程下卫星反演云参数云顶高度、云顶温度、有效粒子半径、光学厚度、液水路径和黑体

亮温的数值总体分布情况。

由图 5.1 可知,在层状云降水过程中,无降水时,云顶高度中位数为 5 km 左右,云顶温度中位数为 −20 ℃ 左右,有效粒子半径中位数为 18 μm 左右,光学厚度中位数为 15,液水路径中位数为 200 g·m^{-2},黑体亮温中位数为 −20 ℃ 左右;有降水时,云顶高度中位数为 8 km 左右,云顶温度中位数为 −35 ℃ 左右,有效粒子半径中位数为 27 μm 左右,光学厚度中位数为 20,液水路径中位数为 300 g·m^{-2},黑体亮温中位数为 −35 ℃ 左右。

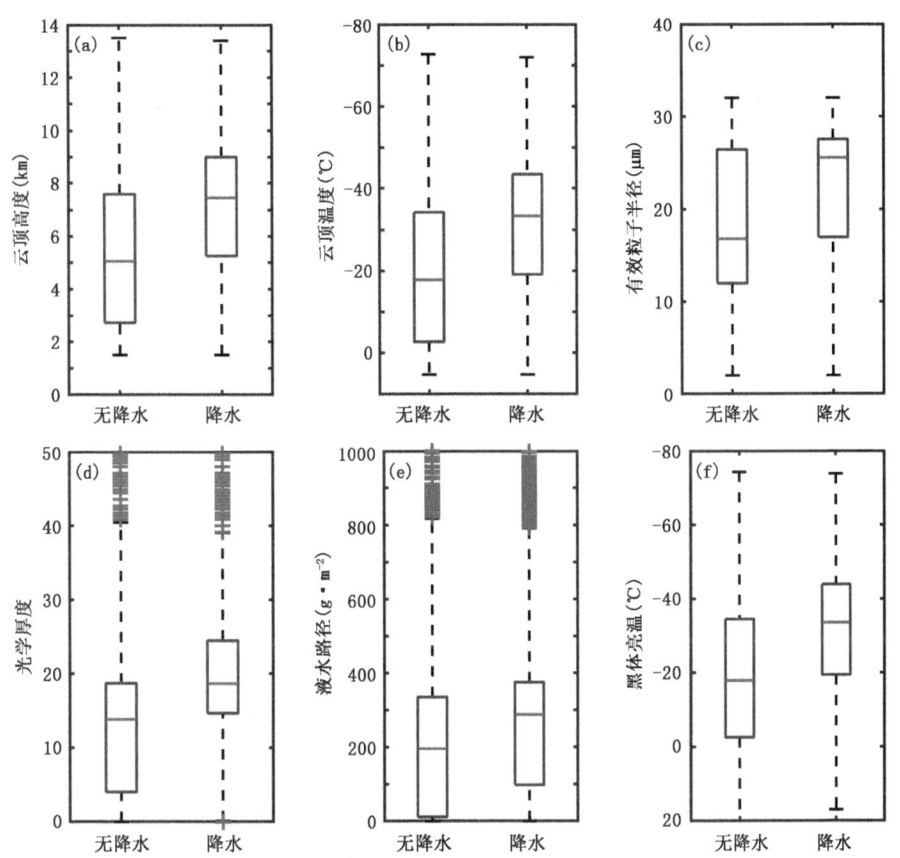

图 5.1　层状云降水下云顶高度(a)、云顶温度(b)、有效粒子半径(c)、光学厚度(d)、液水路径(e)和黑体亮温(f)的数值总体分布

由图 5.2 可知,在层积混合云降水过程中,无降水时,云顶高度中位数为 4.5 km 左右,云顶温度中位数为 −15 ℃ 左右,有效粒子半径中位数为 15 μm 左右,光学厚度中位数为 13,液水路径中位数约为 100 g·m^{-2},黑体亮温中位数为 −18 ℃ 左右;有

降水时,云顶高度中位数为 6.5 km 左右,云顶温度中位数为 −30 ℃ 左右,有效粒子半径中位数为 25 μm 左右,光学厚度中位数为 20,液水路径中位数为 300 g·m^{-2},黑体亮温中位数为 −30 ℃ 左右。

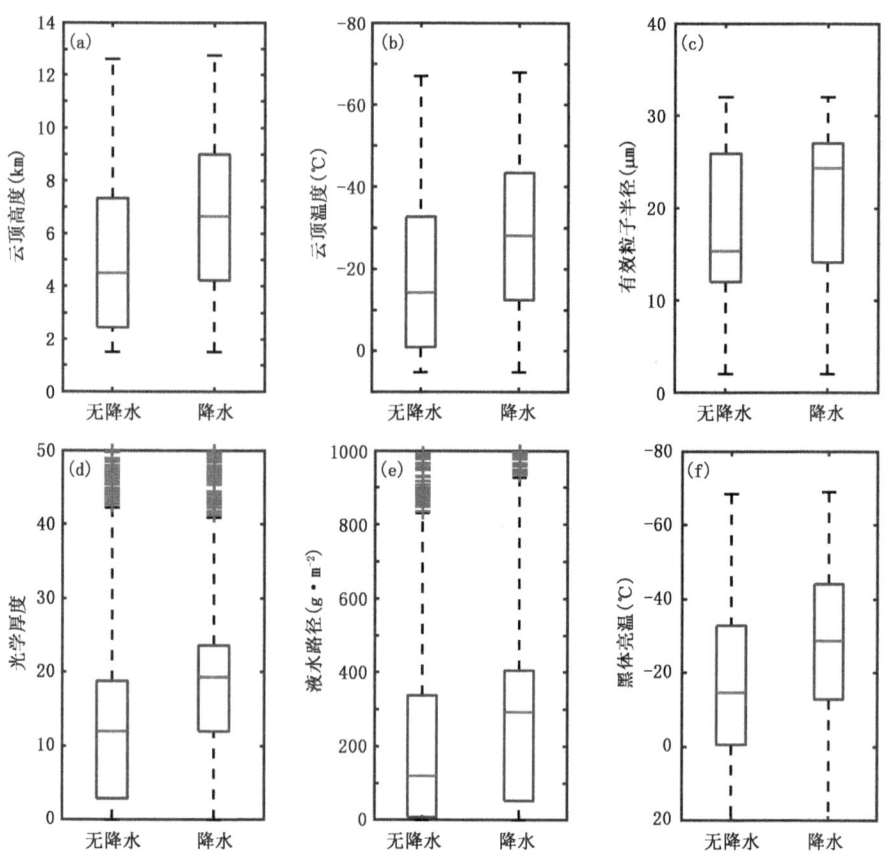

图 5.2　层积混合云降水下云顶高度(a)、云顶温度(b)、有效粒子半径(c)、光学厚度(d)、液水路径(e)和黑体亮温(f)的数值总体分布

由图 5.3 可知,在积状云降水过程中,无降水时,云顶高度中位数为 2.5 km 左右,云顶温度中位数为 −2 ℃ 左右,有效粒子半径中位数为 13 μm 左右,光学厚度中位数为 5,液水路径中位数为 10 g·m^{-2},黑体亮温中位数为 0 ℃ 左右;有降水时,云顶高度中位数为 5.5 km 左右,云顶温度中位数为 −20 ℃ 左右,有效粒子半径中位数为 18 μm 左右,光学厚度中位数为 12,液水路径中位数为 34 g·m^{-2},黑体亮温中位数为 −20 ℃ 左右。

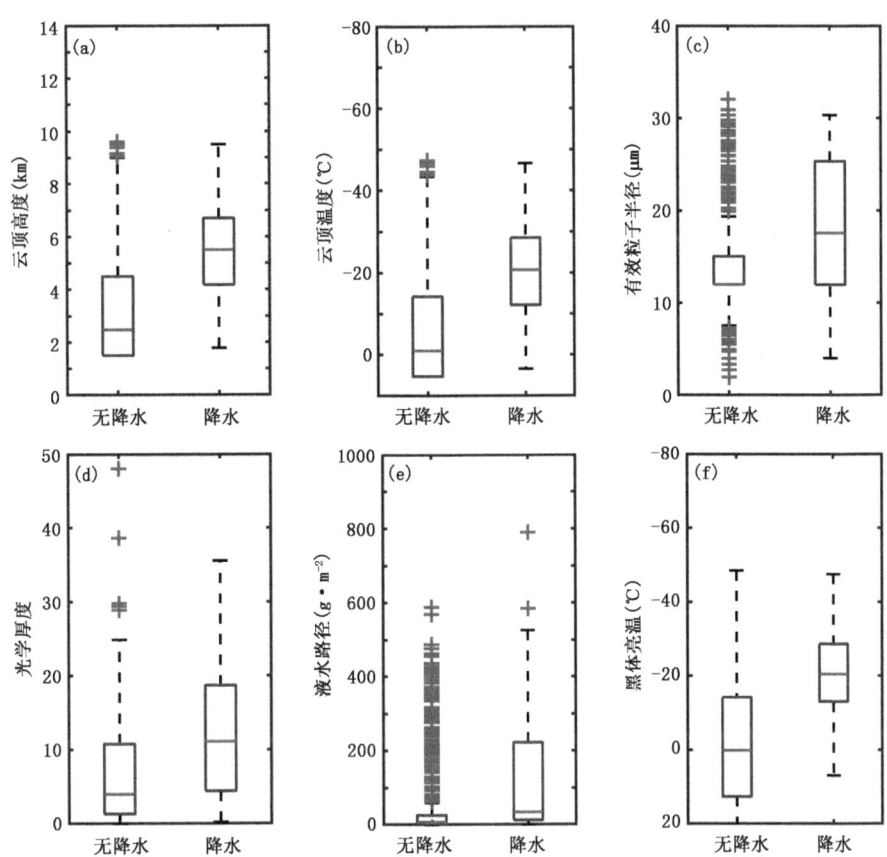

图 5.3　积状云降水下云顶高度(a)、云顶温度(b)、有效粒子半径(c)、光学厚度(d)、液水路径(e)和黑体亮温(f)的数值总体分布

5.2.2　双云参数联合的数值分布特征

图 5.4—图 5.9 分别给出了辽宁省不同类型云降水过程中不同雨强下不同卫星反演云参数组合包括云顶高度和有效粒子半径、云顶高度和光学厚度、云顶高度和液水路径,光学厚度和有效粒子半径、光学厚度和液水路径、光学厚度和黑体亮温以及液水路径和黑体亮温分布特征。

由图 5.4、图 5.5 可知,层状云降水过程下,云顶高度在 2.5~5.0 km 之间、有效粒子半径在 10~20 μm 之间和云顶高度在 6~10 km 之间、有效粒子半径 20~30 μm 之间,降水样本数较多且集中,随着云顶高度和有效粒子半径的升高,无降水、弱降水和一般降水样本变化趋势一致。当云顶高度达到 2~10 km 范围时,光学厚度小于 20,降水样本数远少于非降水样本数;光学厚度在 15~25 之间,易产生弱降水和一般降水;光学厚度大于 25 时,一般降水比弱降水样本数多。当云顶高度和液水路径分别在 2~10 km 之间、200~400 g·m^{-2} 之间,易出现弱降水和一般降水。一般降水发生时需要云顶高度相对高一些,云体会有明显抬升且发展较高而深厚。由于光学厚度、有效粒子半径和液水路径三类云参量彼此之间相关性高,光学厚度在 10~20 之间,有效粒子半径在 10~20 μm 之间,弱降水样本数高于一般降水样本数;光学厚度在 20~30 之间,有效粒子半径在 20~30 μm 之间,一般降水样本数高于弱降水样本数;光学厚度在 20~30 之间,液水路径在 100~500 g·m^{-2} 之间,一般降水样本数高于弱降水样本数;液水路径大于 500 g·m^{-2} 时,也较容易产生一般降水。光学厚度和液水路径与黑体亮温之间在各取值范围变化趋势和样本数量基本差不多,当光学厚度在 20~30 之间、液水路径大于 500 g·m^{-2}、黑体亮温在 -50~-30 ℃ 之间时,一般降水样本数较弱降水样本数偏多。层状云降水过程中不易产生强降水。

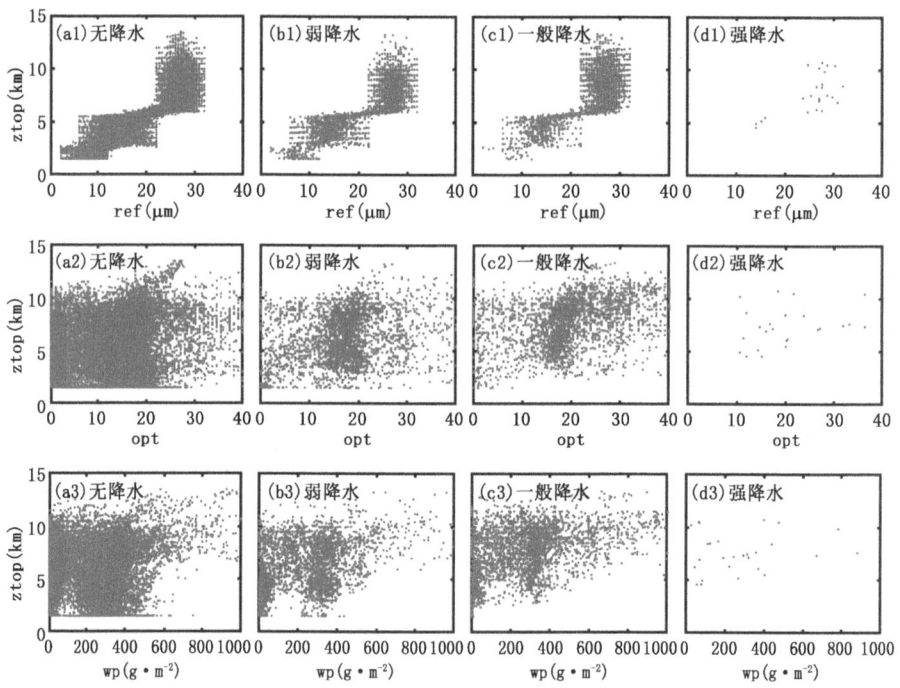

图 5.4 层状云降水下云顶高度分别与有效粒子半径、光学厚度、液水路径组合时雨强分布情况
(ztop 为云顶高度,ref 为有效粒子半径,opt 为光学厚度,wp 为液水路径,散点代表不同雨强分布样本)

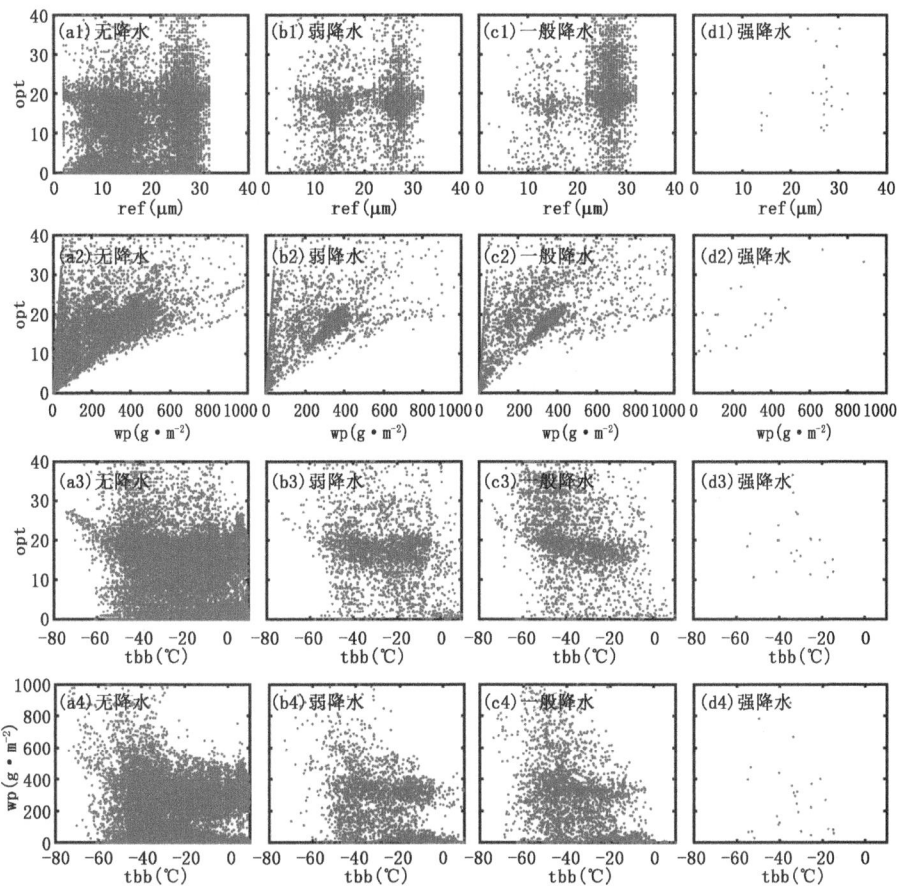

图 5.5 层状云降水下光学厚度分别与有效粒子半径、液水路径、黑体亮温组合和液水路径与
黑体亮温组合时雨强分布情况

(opt 为光学厚度,ref 为有效粒子半径、wp 为液水路径,tbb 为黑体亮温,散点代表不同雨强分布样本)

由图 5.6、图 5.7 可知,层积混合云降水过程下,云顶高度与有效粒子半径和液水路径产生不同雨强的各取值范围和变化趋势与层状云降水一致。当云顶高度达到 2~10 km、光学厚度小于 20 时,产生降水的样本数远小于不产生降水的样本数,当云顶高度在 2.5~10.0 km 之间、光学厚度在 15~25 之间,易产生弱降水和一般降水,弱降水比一般降水样本数多。光学厚度和有效粒子半径不同雨强的各取值范围中的变化趋势与层状云降水较一致,只是光学厚度在 15~30 之间、有效粒子半径在 20~30 μm 之间,弱降水样本数和一般降水样本数差不多,光学厚度和有效粒子半径产生降水达到的值在层积混合云降水下比层状云降水下要高;光学厚度在 15~30 之间、液水路径在 200~500 g·m^{-2} 之间,弱降水样本数高于一般降水样本数。光

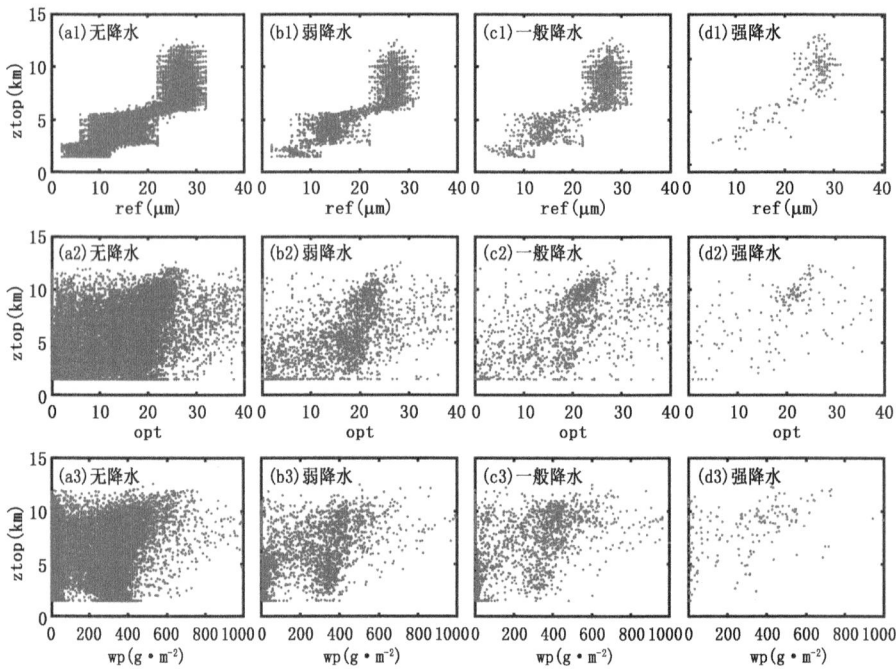

图5.6 层积混合云降水下云顶高度分别与有效粒子半径、光学厚度、液水路径组合时雨强分布情况

(ztop 为云顶高度,ref 为有效粒子半径,opt 为光学厚度,wp 为液水路径,散点代表不同雨强分布样本)

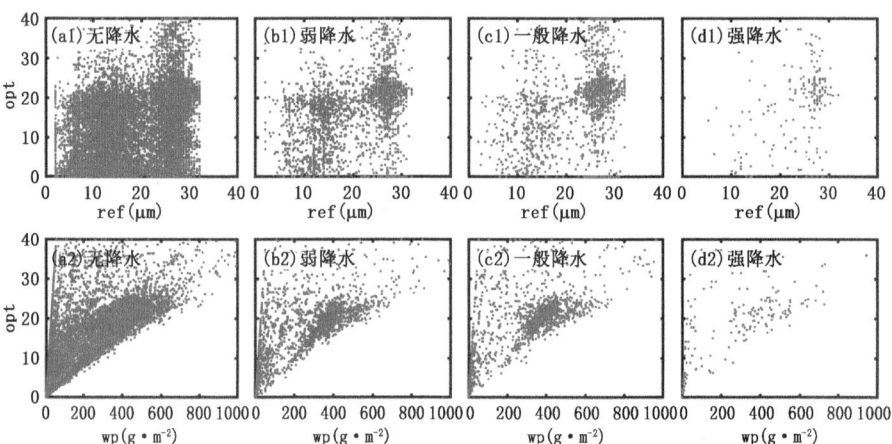

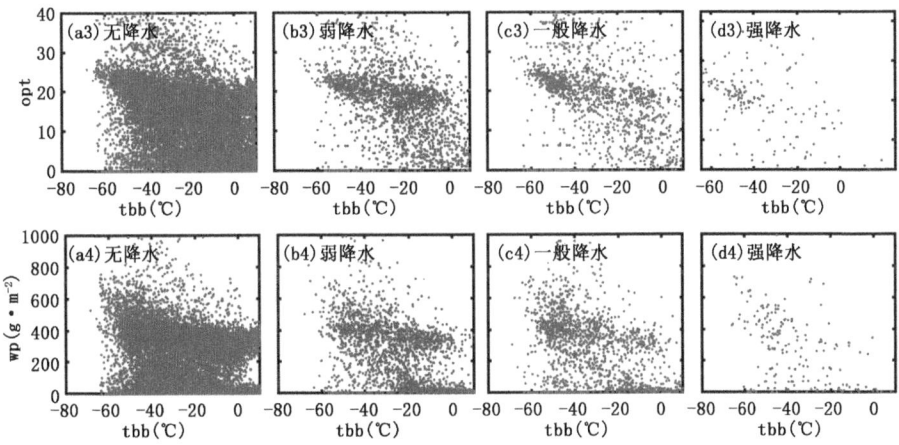

图 5.7 层积混合云降水下光学厚度分别与有效粒子半径、液水路径、黑体亮温组合和液水路径与黑体亮温组合时雨强分布情况

(opt 为光学厚度, ref 为有效粒子半径, wp 为液水路径, tbb 为黑体亮温, 散点代表不同雨强分布样本)

学厚度和液水路径与黑体亮温之间在各取值范围变化趋势一致, 当光学厚度在 15~25 之间、液水路径在大于 200 g·m^{-2}、黑体亮温在 -50~0 ℃之间时, 弱降水样本数较一般降水样本数偏多。层积混合云降水过程下, 以上不同云参数组合下的各取值范围下易产生强降水, 强降水变化趋势与弱降水和一般降水较一致。

由图 5.8、图 5.9 可知, 积状云降水过程下, 由于总体样本数少且降水样本数更少, 不同卫星反演云参数组合之间没有特别突出的规律。

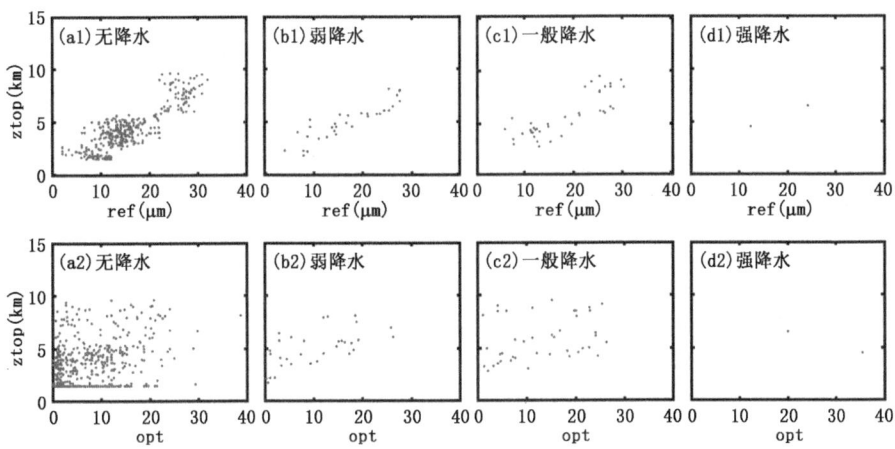

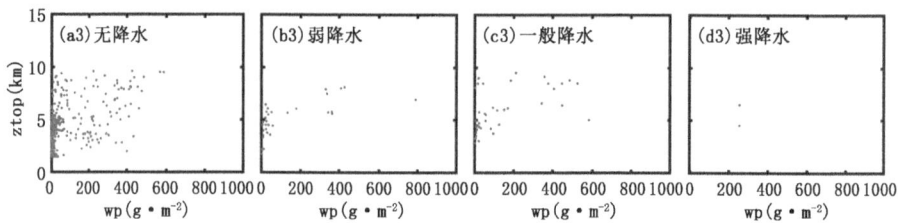

图 5.8 积状云降水下云顶高度分别与有效粒子半径、光学厚度、液水路径组合时雨强分布情况

(ztop 为云顶高度,ref 为有效粒子半径,opt 为光学厚度,wp 为液水路径,散点代表不同雨强分布样本)

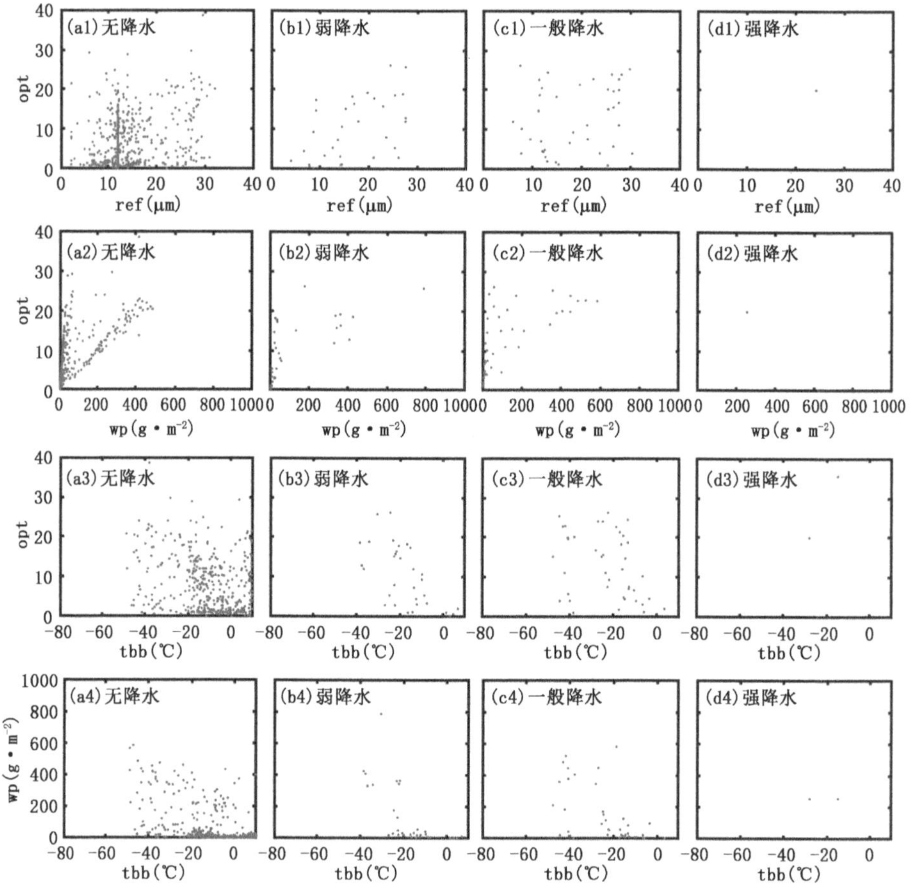

图 5.9 积状云降水下光学厚度分别与有效粒子半径、液水路径、黑体亮温组合和液水路径与黑体亮温组合时雨强分布情况

(opt 为光学厚度,ref 为有效粒子半径、wp 为液水路径,tbb 为黑体亮温,散点代表不同雨强分布样本)

5.3 建立降水云识别指标

采用点双列相关系数法来计算不同云降水下各类卫星反演云参数与云是否产生降水的相关系数,提取相关性较高的因子作为参数,以 TS 评分为依据,建立云参数人影作业指标,并给出评分。

表 5.6、表 5.7、表 5.8 分别给出了辽宁省层状云、层积混合云和积状云降水过程下同一时刻、同一站点下卫星反演云参数云顶高度、云顶温度、有效粒子半径、光学厚度、液水路径和黑体亮温与逐小时降水相关系数和显著水平。

由表 5.6、表 5.7、表 5.8 可知,辽宁省层状云、层积混合云和积状云降水过程下,卫星反演云参数云顶高度、有效粒子半径、光学厚度、液水路径与逐小时降水正相关,云顶温度、黑体亮温与逐小时降水负相关;层状云降水过程下云顶高度、云顶温度、光学厚度、黑体亮温与逐小时降水相关性较高,层积混合云降水过程下各类云参数与逐小时降水相关性较低,积状云降水过程下云顶高度、云顶温度、黑体亮温与逐小时降水相关性较高。

表 5.6 层状云降水下卫星反演云参数与降水相关性

层状云	云顶高度 (km)	云顶温度 (℃)	有效粒子半径 (μm)	光学厚度	液水路径 ($g \cdot m^{-2}$)	黑体亮温 (℃)
相关系数	0.3273	−0.3273	0.2664	0.3174	0.2024	−0.3318
显著水平	0.0000	0.0000	0.0000	0.0000	0.0000	0.0000

表 5.7 层积混合云降水下卫星反演云参数与降水相关性

层积混合云	云顶高度 (km)	云顶温度 (℃)	有效粒子半径 (μm)	光学厚度	液水路径 ($g \cdot m^{-2}$)	黑体亮温 (℃)
相关系数	0.2225	−0.2225	0.1831	0.2797	0.1808	−0.2265
显著水平	0.00	0.00	0.00	0.00	0.00	0.00

表 5.8 积状云降水下卫星反演云参数与降水相关性

积状云	云顶高度 (km)	云顶温度 (℃)	有效粒子半径 (μm)	光学厚度	液水路径 ($g \cdot m^{-2}$)	黑体亮温 (℃)
相关系数	0.3326	−0.3326	0.2215	0.2534	0.2290	−0.3334
显著水平	0.0000	0.0000	0.0000	0.0000	0.0000	0.0000

由于不同云系降水下降水数据比例小,因此采用选取 TS 评分最高的指标作为

最终制定的指标更为合理,据此,得到判别指标见表 5.9 和表 5.10。

层状云降水下各类卫星反演云参数的 TS 比层积混合云降水下要高,通过上一节不同云系降水过程下各类卫星反演云参数与降水相关性计算结果可知,层状云降水过程下各类卫星反演云参数与降水相关性较层积混合云降水高,结合 TS 评分及准确性综合考虑,有效粒子半径和光学厚度两个云参数作为产生降水的指标较合理,并且辽宁省人工影响天气作业以层状云系为主,这两个参数作为辽宁省人工影响天气作业指标具有参考价值。

表 5.9 层状云降水下卫星反演云参数产生降水的指标

层状云降水	云顶高度 (km)	云顶温度 (℃)	有效粒子半径 (μm)	光学厚度	液水路径 (g·m^{-2})	黑体亮温 (℃)
TS	36.91%	36.91%	37.17%	37.43%	31.96%	36.95%
AC	64.15%	36.91%	63.77%	64.39%	68.65%	36.95%
FY	≥6.3	≤−47.0	≥27.0	≥21.0	≥243.0	≤−53.0

注:表中 TS 表示最高 TS 评分,AC 表示最高准确率评分,FY 表示最高 TS 评分对应的云参数指标。下同。

表 5.10 层积混合云降水下卫星反演云参数产生降水的指标

层积混合云降水	云顶高度 (km)	云顶温度 (℃)	有效粒子半径 (μm)	光学厚度	液水路径 (g·m^{-2})	黑体亮温 (℃)
TS	25.13%	25.23%	25.58%	28.94%	24.08%	25.12%
AC	71.77%	25.13%	74.99%	75.07%	76.91%	25.06%
FY	≥9.1	≤−51.0	≥28.0	≥18.0	≥301.0	≤−42.0

5.4 本章小结

通过对辽宁省层状云和层积混合云降水云系下各类卫星反演云参数(云顶高度、云顶温度、有效粒子半径、光学厚度、液水路径和黑体亮温)与降水关系的分析,建立辽宁省人工影响天气作业指标。主要结论如下:

(1)云顶高度、有效粒子半径、光学厚度、液水路径与降水呈正相关,云顶温度和黑体亮温与降水呈负相关。

(2)在层状云降水和层积混合云降水下,云顶高度在小于 10 km 范围,频数分布较均匀,随云顶高度增加,越易产生降水,有效粒子半径小于 30 μm、光学厚度小于 30 和液水路径小于 500 g·m^{-2} 范围,频数占比较大,频数分布特征相似;云顶温度和黑体亮温的频数在−45 ℃以下分布得较均匀。

(3)层状云降水过程下各类卫星反演云参数与降水相关性较层积混合云降水高,结合 TS 评分及准确性综合考虑,得到两个卫星反演云参数:有效粒子半径≥27 μm、光学厚度≥21。

第 6 章　基于 GNSS/MET 的降水云识别指标

满足降水的三个必要条件分别是：水汽条件、上升运动和云滴增长条件。目前人工增雨作业的主要途径就是在适当的区域播撒合适的催化剂（一般是人工冰核或吸湿性物质）。如何选择有利时机以及合适的区域进行人工增雨作业是人工增雨中重要的研究内容。根据降水条件以及人工增雨理论可知，具有充足的水汽供应和上升运动的区域是人工增雨作业的合理区域，因此及时准确地探测大气中水汽场及其变化对于选择合适的人工增雨作业区域和时间十分必要。

东北区域人工影响天气工程项目建设的 GNSS/MET 站点已经投入业务运行，具有探测时空分辨率高、精度高、全天候、连续获取能力强且不需要对仪器进行标定等优势。通常把利用全球卫星导航系统（Global Navigation Satellite System，GNSS）技术遥感的可降水量（precipitable water vapor，PWV）用 GNSS/PWV 来表示，这是目前技术遥感水汽信息的最主要产品。用于短时临近预报、数值预报强降水天气过程分析，以及水汽循环研究等方面。

本章首先统计分析辽宁省降水及人工增雨作业前后 GNSS/PWV 的变化特征，在此基础上建立适合辽宁省不同降水类型的 GNSS/PWV 人工增雨作业指标。

6.1　GNSS/PWV 简介

GNSS 探测 PWV 是根据 GNSS 卫星发射的信号穿过大气层产生的延迟与气象条件的关系得到的，其测量结果与辽宁省的探空具有较好的一致性（杨磊 等，2016）。研究利用 2015 年 5 月—2016 年 10 月辽宁省 36 个观测站 PWV、地面温度和降水量资料，时间分辨率均为 1 h，筛选出 1 h 降水量超过 1 mm 并持续 3 h 以上共 1122 个样本资料。ECMWF 再分析资料由欧洲中期天气预报中心提供，时间分辨率为 6 h，空间分辨率为 0.125°×0.125°。

将降水前 PWV 的变化类型分为两类(图 6.1),根据这两种类型对 PWVt 进行取值,如图 6.1(a)所示,t_1 为 PWV 峰值出现时刻,此时 PWV 为 d_2,t_2 时为降水出现时刻,此时 PWV 为 d_1,将峰值 d_2 确定为该降水过程的 PWVt;如图 6.1(b)所示二型为 PWV 在降水前持续上升,当上升到 t_3 时到达 d_3,地面出现降水,在此期间没有峰值出现,将 d_3 确定为该过程的 PWVt。

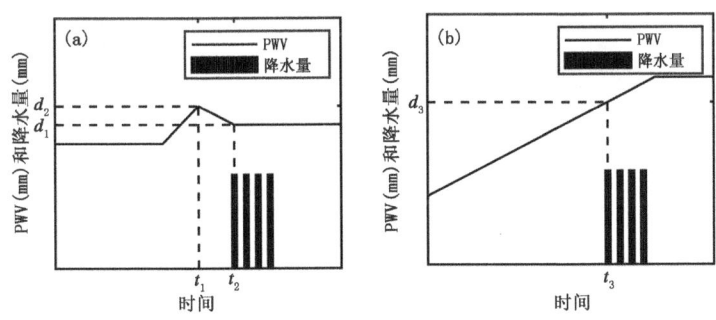

图 6.1 一型(a)和二型(b)PWV 变化示意图

6.2 PWV 的变化特征

6.2.1 降水期间 PWV 的变化特征

通过对 2015 年 5 月—2016 年 10 月辽宁省降水样本中 GNSS/PWV 和降水量等资料研究发现:降水前 PWV 至少有一次跃增,一般跃增到某一阈值后将出现降水,当降水结束后 PWV 迅速下降,同时降水时刻与 PWV 高值区对应较好。

以沈阳站为例,图 6.2 为沈阳站 PWV、地面温度和降水量的时间序列,如图 6.2(a)所示,PWV 在降水前开始跃增,14 日 18 时达到 30 mm 地面出现降水,此时对应的地面温度为 10 ℃,图 6.2(b)所示,降水前不断增加,12 日 16 时 PWV 达到 55.5 mm,地面温度为 27.6 ℃,之后 PWV 有所下降,12 日 18 时 PWV 达到 54.6 mm,地面出现降水,此时地面温度为 24.3 ℃,由此可见两个降水过程 PWV 降水阈值不同,对应的地面温度也不相同。

6.2.2 人工增雨作业期间 PWV 的变化特征

2016 年 4 月 1 日一次增雨过程为例,系统自西向东移动经过辽宁省并伴有北抬,高空风以西南风为主。以盘锦为例,选取了风向上游和下游的大洼和台安站进

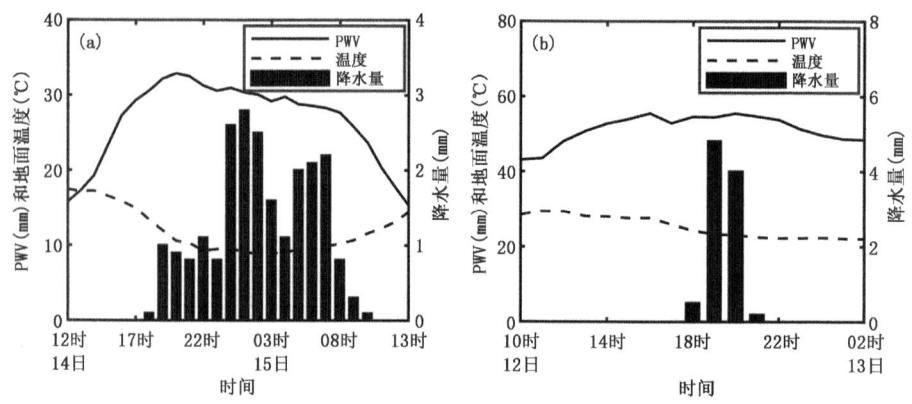

图 6.2　2016 年 5 月 14—15 日(a)和 7 月 12—13 日(b)沈阳站 PWV、
地面温度和降水量的演变

行分析,作业点位于两点之间,9 时作业。可以看出,大洼和台安站的 PWV 变化相似,但在增雨作业后的 1~2 个小时内,处于下风方向的台安站降水明显大于上风方向的大洼站,10 时台安站 PWV 值有下降趋势,因此,这可能是催化剂播撒后,PWV 转换为地面降水的过程(图 6.3)。由于增雨作业后 PWV 与降水的转化关系属于人工影响天气效果检验的内容,该内容十分复杂,很难通过几个个例给出确切的定论,因此还需要进一步研究。

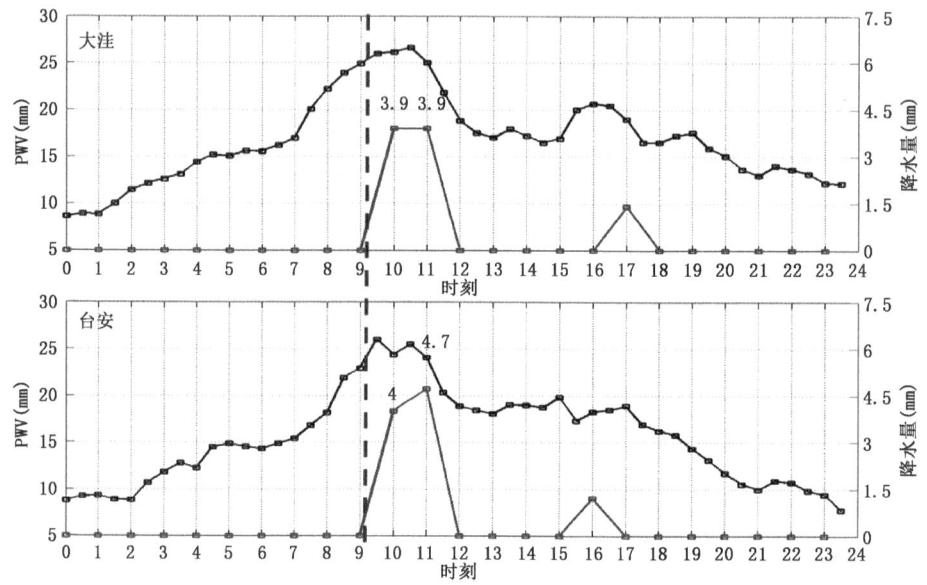

图 6.3　大洼站、台安站 PWV 与降水的变化曲线

6.3 建立降水云识别指标

6.3.1 整层大气饱和水汽含量公式推导

为了找到 PWV 与降水的对应关系,引入整层大气饱和水汽含量(Precipitable Water Vapor Saturation, PWV_{sat})概念,PWV_{sat}表示整个气柱容纳水汽的上限,大气中水汽必须达到一定层次的饱和才能成云致雨,因此,根据定义以及利用多元大气对流层大气温度随高度递减推导出不依赖各层温度的 PWV_{sat} 计算公式,并根据公式找到 PWV_t 的影响因子。

PWV 为整层大气水汽总量,是整层水汽密度的积分量(公式 6.1)。PWV_{sat} 表示整层大气在饱和状态下容纳的最大水汽量,是整层饱和水汽密度的积分量(公式 6.2)。

$$PWV = \int_0^\infty \rho_v \, dz \tag{6.1}$$

$$PWV_{sat} = \int_0^\infty \rho_{vs} \, dz \tag{6.2}$$

式中,ρ_v 和 ρ_{vs} 为水汽密度和饱和水汽密度,z 为高度。在对流层中,$t(z)=t_s-\gamma z$,γ 为温度递减率,在 $-30\ ℃ \leqslant t \leqslant 30\ ℃$ 范围内,ρ_{vs} 可以近似为 $4.97 \times 10^{-3} \, e^{\alpha t}$,单位为 $kg \cdot m^{-3}$,其中 $\alpha = 0.0612$,

$$PWV_{sat} = \int_0^\infty 4.78 \times 10^{-3} \, e^{\alpha(t_s - \gamma z)} \, dz \tag{6.3}$$

$$PWV_{sat} = \frac{73.54 \times 10^{-3}}{\gamma} e^{0.0612 t_s} \tag{6.4}$$

在对流层中 γ 一般为 $-7 \sim -4\ ℃ \cdot km^{-1}$(盛裴轩 等,2003),得整层大气饱和水汽含量为:

$$PWV_{sat} = (10.5 \sim 18.3) e^{0.0612 t_s} \tag{6.5}$$

若 γ 取 $-6.5\ ℃ \cdot km^{-1}$,则有:

$$PWV_{sat} = 11.31 e^{0.0612 t_s} \tag{6.6}$$

由公式(6.5)和公式(6.6)可以看出,PWV_{sat} 是以 t_s 为基础的多元大气整层大气饱和水汽的积分含量,这是由于多元大气对流层大气温度随高度递减,平均垂直梯度变化较小,而且水汽主要集中在大气底层,所以 t_s 对 PWV_{sat} 具有较好的指示作用。大气中水汽必须达到一定层次的饱和才能成云致雨(杨军 等,2011),是否达到降雨条件可将 PWV 与 PWV_{sat} 进行比较,由此说明 PWV_{sat} 和 PWV_t 都可表示 PWV 达到饱和并产生降水时对应的数值。由于 t_s 影响着 PWV_{sat}，因此 t_s 与 PWV_t 也可能存在一定的相关性。

6.3.2 拟合分析和指标建立

为了验证上文结论，利用 1122 个降水样本的 PWV_t 和 t_s 进行拟合研究（图 6.4）。如图 6.4 所示，PWV_t 与 t_s 拟合结果较好，R^2 为 0.82，拟合公式：

$$PWV_t = ae^{bt_s} \tag{6.7}$$

式中，$a=12.188, b=0.0604$。

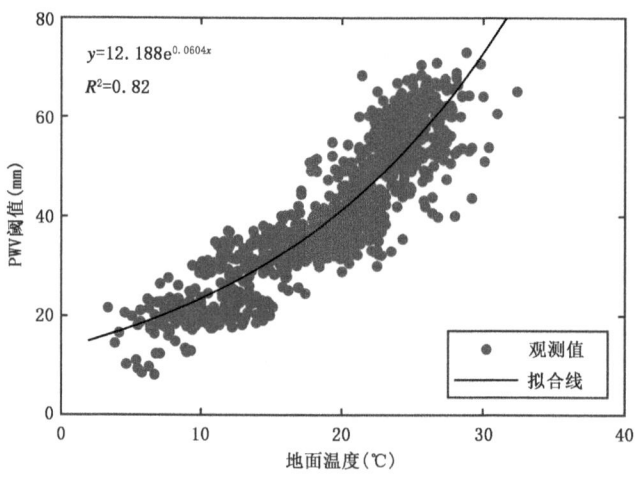

图 6.4　PWV 阈值和 t_s 的拟合曲线

表 6.1 给出了辽宁省 36 个站的拟合参数，R^2 均大于 0.6，总体拟合结果较好，R^2 超过 0.8 的站达到 28 个，占总数的 78%，其中抚顺站 R^2 到达 0.92。36 个站参数 a 的范围主要集中在 10～14，b 主要集中在 0.06 左右，这与公式（6.6）较为一致，说明 PWV_t 与 PWV_{sat} 密切相关，同时证明 t_s 是 PWV_t 的一个影响因子，利用 PWV_t 与 t_s 拟合公式建立起 PWV_t 计算的新方法。

为验证本方法计算得到 PWV_t 在辽宁省降水预报的可靠性，利用 TS 评分对降水预报的正确率、漏报率和空报率进行统计检验。当预报有雨，若实况降水量大于 0，评定为正确肯定；若实况无雨，则评定为空报；当预报为无雨，若实况无雨，评定为正确否定；若实况降水量大于 0，评定为漏报。筛选出 2015 年 5 月—2016 年 10 月辽宁省 36 个站 1 h 降水、t_s 和 PWV 数据完整的时次共计 201539 个，其中降水总时次为 13510，根据检验方法统计得出正确肯定为 8834，空报为 4676，漏报为 8044，正确否定为 179985，因此计算得出正确率为 93.69%，漏报率为 2.32%，空报率为 3.99%。

表 6.1 辽宁省 36 个站 PWV_t 与温度拟合公式参数

站点	a	b	R^2	站点	a	b	R^2
黑山	13.803	0.0532	0.82	台安	13.176	0.0571	0.87
鞍山	15.794	0.0437	0.65	凤城	13.046	0.06	0.88
铁岭	11.985	0.0597	0.72	北票	12.995	0.0559	0.73
辽阳县	14.625	0.0488	0.76	建昌	13.696	0.0535	0.78
苏家屯	11.837	0.0581	0.86	沈阳	9.3862	0.0735	0.87
羊山	11.408	0.0602	0.87	抚顺	7.5981	0.0859	0.92
绥中	16.132	0.0501	0.89	本溪	9.5082	0.0732	0.87
盖州	10.751	0.0653	0.81	锦州	12.347	0.0613	0.90
皮口	12.335	0.0612	0.83	辽阳	11.908	0.061	0.86
熊岳	11.227	0.0614	0.85	营口	13.765	0.0576	0.85
灯塔	11.918	0.0615	0.84	草河口	10.951	0.0719	0.90
桓仁	10.386	0.0672	0.91	昌图	11.427	0.0636	0.73
本溪县	10.231	0.0692	0.86	新民	11.148	0.0686	0.83
普兰店	12.694	0.0564	0.78	新宾	9.718	0.0725	0.90
开原	12.122	0.0611	0.86	彰武	12.526	0.0649	0.86
康平	12.415	0.0616	0.85	北镇	12.068	0.0632	0.91
大石桥	13.693	0.0574	0.82	凌海	14.233	0.057	0.87
大洼	13.822	0.0566	0.91	义县	11.849	0.0653	0.90

参数计算得到的 PWV_t 在降水预报中具有较高准确率,因此可以在降水预报中应用。虽然正确率较高,但漏报和空报次数也较高,这是因为本研究给出的拟合参数对于西风槽稳定性降水结果较好,本次统计检验数据没有进行稳定度以及天气系统区分;同时统计检验利用的是 1 h 数据进行判断,由于 PWV 达到 PWV_t 时,未来 3 h 内将出现降水,按上文统计原则会将未来几个时次算为空报,这会增大漏报和空报次数。若预报出降水,3 h 内出现降水就算正确肯定,而期间时次不算空报,按此原则计得出 a 为 11157,b 为 3500,c 为 5721,d 为 172911。由此可见,研究给出 PWV_t 计算方法在降水预报方面有一定的参考价值,但必须结合天气形式和其他气象资料以及具体降水特征进行综合分析和判断。

6.3.3 拟合结果的影响因素

利用 ECWMF 再分析资料中 850 hPa 和 500 hPa 的假相当位温之差($\Delta\theta_{se850-500}$)判断对流层中低层的对流稳定度(周雪松 等,2014),将 $\Delta\theta_{se850-500}>$(或$<$)0 认为对

流不稳定(或稳定)对所有样本进行分类。图 6.5 为大气稳定条件下(图 6.5(a))和不稳定条件下(图 6.5(b))的拟合结果,稳定条件 R^2 为 0.84,不稳定条件 R^2 为 0.74,由此可见稳定天气类型拟合的结果优于不稳定天气类型。分析认为产生这种情况的原因可能是由于大气不稳定条件下,天气系统发展速度相对较快、单位时间内水汽凝结释放的潜热较大,影响高低空温度配置。

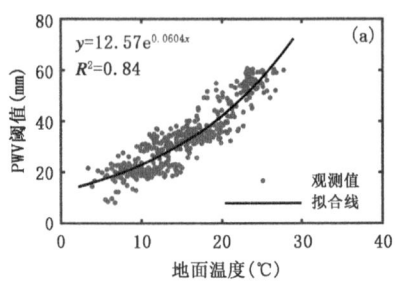
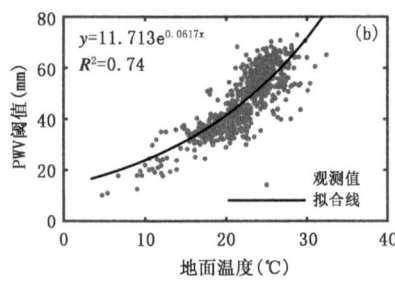

图 6.5 大气稳定条件(a)和不稳定条件(b)下 PWV 阈值和温度的拟合曲线

对研究期间影响辽宁省降水过程的高空 500 hPa 天气系统进行分类,分为西风槽和冷涡两类,所占比例分别为 76% 和 24%。两类天气类型的拟合结果见图 6.6,西风槽类天气型 R^2 为 0.85,冷涡天气类型 R^2 仅为 0.42。冷涡天气类型一般具有对流不稳定等特征(张立祥 等,2009),这可能是拟合结果较差的一个原因。冷涡天气类型拟合结果较差的另外一个可能原因是辽宁省冷涡天气类型常出现在夏季(孙力 等,1994),该期间 t_s 较高,而且样本温度分布较为集中,因此样本温度区间范围较小,如由图 6.6(b)所示,冷涡天气类型温度范围为 10~22 ℃,区间范围12 ℃左右,而西风槽天气类型温度区间范围在 20 ℃左右,较小的温度区间影响了拟合的效果。

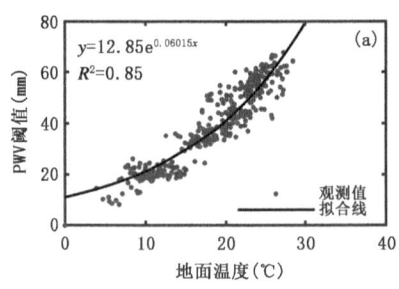
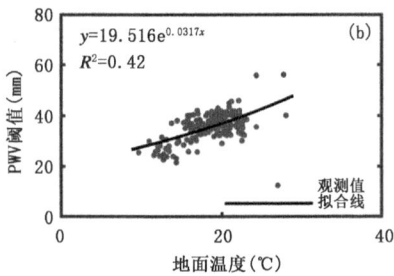

图 6.6 西风槽(a)和冷涡(b)天气类型 PWV 阈值和温度的拟合曲线

根据对前文预报提前量的定义,将每个样本预报提前量进行分开讨论,预报提前量 0 h、1 h、2 h 和 3 h 占总样本分别为 55.7%、31.4%、7.5% 和 5.4%,对这四种预报提前量分别进行拟合分析(图 6.7),占比重最大的降水前 0 h 拟合的结果最好,R^2 为 0.86,最差的是降水前 3 h,R^2 为 0.57,由此可见,越临近降水开始时间,拟合的结果越好,其中 $R^2 \geqslant 0.7$ 的类型占总样本的 94.6%。

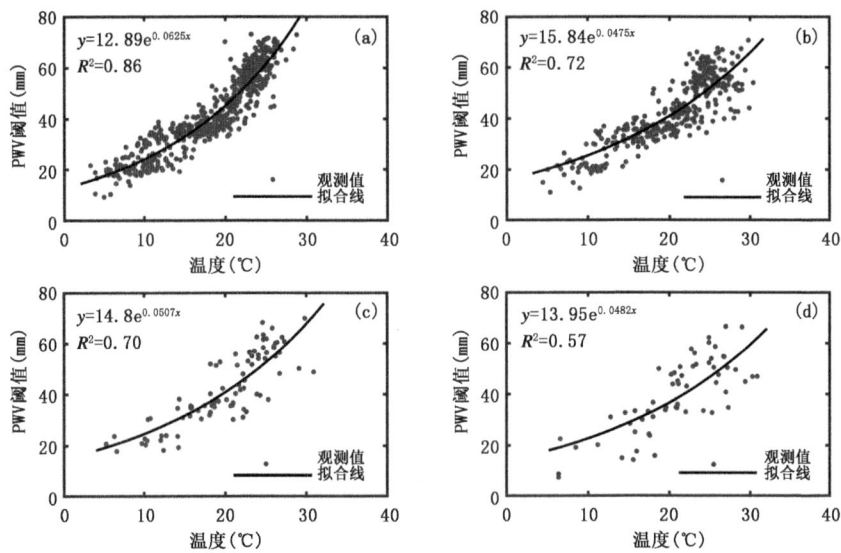

图 6.7 降水前 0 h(a)、1 h(b)、2 h(c) 和 3 h(d) PWV 阈值和地面温度的拟合曲线

参考文献

卞晓月,张健,王剑平,等,2014.用于高空气象探测的聚酰亚胺薄膜湿敏电容研究[J].华东师范大学学报(自然科学版),7(4):69-76.

蔡淼,周毓荃,朱彬,2010.FY2C/D 卫星反演云特性参数与地面雨滴谱降水观测初步分析[J].气象与环境科学,33(1):1-6.

蔡淼,周毓荃,朱彬,2011.一次对流云团合并的卫星等综合观测分析[J].大气科学学报,34(2):170-179.

蔡淼,欧建军,周毓荃,等,2014.L 波段探空判别云区方法的研究[J].大气科学,38(2):213-222.

常倬林,崔洋,张武,等,2015.基于 CERES 的宁夏空中云水资源特征及其增雨潜力研究[J].干旱区地理,38(6):1112-1120.

陈超,孟辉,靳瑞军,等,2014.基于 CloudSat 云分类资料的华北地区云宏观特征分析[J].气象科技,42(2):294-301.

陈英英,唐仁茂,周毓荃,等,2009.FY-2C/D 卫星微物理特征参数产品在地面降水分析中的应用[J].气象,35(2):15-18.

陈英英,武文辉,唐仁茂,等,2011.利用 Cloudsat 卫星资料分析冻雨天气的云结构[J].气象,37(6):707-713.

陈勇航,黄建平,王天河,等,2005.西北地区不同类型云的时空分布及其与降水的关系[J].应用气象学报,16(6):717-726.

丁广华,刘清惓,刘恒,2013.度传感器的信号调理电路设计[J].科学技术与工程,13(6):1561-1565.

丁一汇,柳艳菊,2010.近 50 年我国雾和霾的长期变化特征及其与大气湿度的关系[J].中国科学:D 辑,44(1):37-48.

公颖,周小珊,董博,2018.辽宁夏季降水时空分布特征及其成因分析[J].暴雨灾害,37(4):373-382.

郭启云,赵培涛,张玉存,等,2013.GTSI 型探空仪技术改进对比试验[J].气象科技,41(2):254-258.

胡志晋,1979.积云形成暖雨的条件[J].气象学报,37(3):72-79.

李峰,邢毅,杨荣康,2012.国产 GPS 探空系统探测能力分析[J].气象科技,40(4):513-519.

李积明,黄建平,衣育红,等,2009.利用星载激光雷达资料研究东亚地区云垂直分布的统计特征.大气科学,33(4):698-707.

李伟,邢毅,马舒庆,2009.国产 GTS1 探空仪与 VAISALA 公司 RS92 探空仪对比分析[J].气象,

35(10):97-102.

李伟,张春晖,孟昭林,等,2010.L波段气象探测网运行监控系统设计[J].应用气象学报,21(1):115-120.

李伟,赵培涛,郭启云,等,2011.国产GPS探空仪国际比对试验结果[J].应用气象学报,2(4):453-462.

李伟,2012.国产HS02型湿敏电容湿度传感器性能分析[J].高原气象,31(2):568-580.

李燕,刘勇,赛瀚,2016.大连地区2013年7月连续性暴雨成因[J].干旱气象,34(4):670-677.

刘宸钊,卓伟,裴军林,2010.基于对流参数的雷暴预报方法研究[J].高原山地气象研究,30(2):22-25.

刘贵华,余兴,贾玲,等,2011.2009年陕西春季层状云增雨卫星观测分析[J].干旱区研究,28(4):699-704.

刘雪梅,张明军,王圣杰,等,2016.中国降水云云底高度的估算和分析[J].气象,42(9):1135-1145.

刘旸,赵姝慧,蔡波,等,2017.基于CloudSat资料的东北地区降水云及非降水云垂直结构特征对比分析[J].气象,43(11):1374-1382.

卢轶,2009.用于数字式电子探空仪的几种湿度传感器[J].气象水文海洋仪器,3:162-165.

罗毅,施云波,杨昆,等,2014.用于探空仪的加热式湿度传感器及测量电路[J].光学精密工程,22(11):3050-3060.

马舒庆,赵志强,刑毅,2005.Vaisala探空技术及中国探空技术的发展[J].气象科技,33(5):390-393.

冒晓莉,张加宏,李敏,等,2015.防雨帽对探空湿度测量影响的CFD研究[J].传感器与微系统,34(12):39-42.

欧建军,2011.利用探空数据分析云垂直结构的方法及其应用研究[D].南京:南京信息工程大学.

彭杰,张华,沈新勇,2013.东亚地区云垂直结构的CloudSat卫星观测研究[J].大气科学,37(1):91-100.

秦琰琰,李柏,张沛源,2006.降水的雷达反射率因子与大气相对湿度的相关关系研究[J].大气科学,30(2):351-359.

赛瀚,苗峻峰,2012.环渤海地区低空急流的时空分布特征[J].自然灾害学报,21(6):91-98.

尚博,2011.利用CloudSat对华北、江淮云垂直结构及降水云特征的研究[D]南京:南京信息工程大学.

尚博,周毓荃,刘建朝,等,2012.基于CloudSat的降水云和非降水云的垂直特征[J].应用气象学报,23(1):1-9.

盛裴轩,毛节泰,李建国,等,2003.大气物理学[M].北京:北京大学出版社.

盛日锋,龚佃利,王庆,等,2010.FY-2/D卫星反演的云特征参数与地面降水的相关分析[J].气象科技,S1:68-72.

孙鸿娉,李培仁,闫世明,等,2011.华北层状冷云降水微物理特征及人工增雨可播性研究[J].气象,37(10):1252-1261.

孙力,郑秀雅,王琪,1994.东北冷涡的时空分布特征及其与东亚大型环流系统之间的关系[J].应用气象学报,3:297-303.

唐南军,2013.L波段探空系统相对湿度的观测误差特征[D].南京:南京信息工程大学.

田广元,王永亮,2007.辽宁省人工增雨天气概念模型[J].气象科技,35(2):264-268.

王胜杰,何文英,陈洪滨,等,2010.利用CloudSat资料分析青藏高原、高原南坡及南亚季风区云高度的统计特征量[J].高原气象,29(1):1-9.

王帅辉,韩志刚,姚志刚,等,2011.基于CloudSat资料的中国及周边地区云垂直结构统计分析[J].高原气象,30(1):38-52.

王维佳,董晓波,石立新,等,2011.一次多层云系云物理垂直结构探测研究[J].高原气象,30(5):1368-1375.

王永亮,李英伟,2000.辽宁飞机人工增雨天气系统及云系研究[J].辽宁气象,4:33-35.

吴伟,王式功,邓莲堂,等,2010.中国北方云量的四季分布与降水[J].兰州大学学报(自然科学版):46(3),32-40.

徐文静,郭亚田,黄炳勋,等,2007.GTS探空仪碳湿敏元件性能测试数据分析及相对湿度订正[J].气象科技,35(3):423-428.

许超,2015.探空湿度测量系统实现与补偿模型设计[D].南京:南京信息工程大学.

颜晓露,郑向东,李蔚,等,2012.两种探空仪观测湿度垂直分布及其应用比较[J].应用气象学报,23(4):433-440.

杨超,姚志刚,赵增亮,2014.基于地基云雷达资料的云宏观特征分析[J].气象水文海洋仪器,2:1-6.

杨军,陈宝军,银燕,2011.云降水物理学[M].北京:气象出版社.

杨磊,蒋大凯,王瀛,等,2016.辽宁省汛期GNSS大气可降水量的特征分析[J].干旱气象,34(1):82-87.

杨文艳,迟春燕,2008.辽宁省四季降水时空变化特征分析[J].安徽农业科学,36(21):9197-9199,9209.

姚雯,马颖,徐文静,2008.L波段电子探空仪相对湿度误差研究及其应用[J].应用气象学报,19(3):356-361.

叶成志,吴贤云,黄小玉,2009.湖南省历史罕见的一次低温雨雪冰冻灾害天气分析[J].气象学报,67(3):488-500.

游来光,马培民,胡志晋,2002.北方层状云人工降水试验研究[J].气象科技,30(增刊):19-56.

于翡,姚展予,2009.一次积层混合云降水实例的数值模拟分析[J].气象,35(12):3-11,161-162.

张立祥,李泽椿,2009.东北冷涡研究概述[J].气候与环境研究,14(2):218-228.

赵世军,苏小勇,高太长,2012.RS92探空仪温压湿测量性能分析[J].气象科技,40(1):31-34.

赵姝慧,班显秀,袁健,等,2014.8、9月沈阳地区卫星观测云垂直结构的气候特征分析[J].高原气象,33(6):1640-1647.

钟水新,王东海,张人禾,等,2011.基于CloudSat资料的冷涡对流云带垂直结构特征[J].应用气象学报,22(3):257-264.

周德平,耿素江,杨旭,2003.辽宁夏季积云降水发生频率及人工影响潜力分析[J].气象科技:31(4):243-247.

周雪松,吴炜,孙兴池,2014.山东暴雨天气学预报指标的统计特征分析[J].气象,40(6):744-753.

周毓荃,赵姝慧,2008.CloudSat卫星及其在天气和云观测分析中的应用[J].南京气象学院学报,31(5):603-614.

周毓荃,蔡淼,欧建军,等,2011.云特征参数与降水相关性的研究[J].大气科学学报,34(6):641-652.

朱彦良,凌超,陈洪滨,等,2012.两种再分析资料与RS92探空资料的比较分析[J].气候与环境研究,17(3):381-391.

BIAN J C,CHEN H B,VÖMEL H,et al,2011. Intercomparison of humidity and temperature sensors:GTS1,Vaisala RS80,and CFH[J]. Advances in Atmospheric Sciences,28(1):139-146.

CHEN C, COTTON W R, 1987. The physics of the marine stratocumulus-capped mixed layer[J]. Journal of the Atmospheric Sciences, 44: 2951-2977.

CHERNYKH I V,ESKRIDGE R E,1996. Determination of cloud amount and level from radiosonde soundings[J]. Journal of Applied Meteorology,35:1362-1369.

KING M D,1987. Determination of the scaled optical thickness of clouds from reflected solar radiation measurements[J]. Journal of the Atmospheric Sciences,44(13):1734-1751.

LI Y Y,YU R C,XU Y Y,et al,2004. Spatial distribution and seasonal variation of cloud over China based on ISCCP data and surface observations[J]. Journal of the Meteorological Society of Japan,82(2):761-773.

LIU Q,FU Y F,YU R C, et al, 2008. A new satellite-based census of precipitating and nonprecipitating clouds over the tropics and subtropics[J]. Geophysical Research Letters, 35(7): L07816.

LUO Y L,ZHANG R H,WANG H,2008. Comparing occurrences and vertical structures of hydrometeors between Eastern China and the Indian Monsoon Region using CloudSat/CALIPSO data[J]. Journal of Climate,22:1052-1064.

MARCHAND R,MACE G G,ACHERMAN T,et al,2008. Hydrometeor detection using Cloudsat-an earth-orbiting 94-GHz cloud radar [J]. Jurnal of Atmospheric and Oceanic Technology,25:519-533.

MILOSHEVICH L,VÖMEL H,PAUKKUNEN A,et al,2001. Characterization and correction of relative humidity measurements from Vaisala RS80-A radiosondes at cold temperatures[J]. Jurnal of Atmospheric and Oceanic Technology,18:135-156.

MILOSHEVICH L,VÖMEL H,PAUKKUNEN A,et al,2004. Development and validation of a time-lag correction for Vaisala radiosonde humidity measurements[J]. Jurnal of Atmospheric and Oceanic Technology,21:1305-1327.

MILOSHEVICH L, VÖMEL H, WHITEMAN D, et al, 2009. Absolute accuracy of water vapor measurements from six operational radiosonde types launched during AWEX-G, and implications for AIRS validation[J]. Journal of Geophysical Research,111:D09S10.

MILOSHEVICH L, VÖMEL H, WHITEMAN D N, et al, 2009. Accuracy assessment and correction of Vaisala RS92 radiosonde water vapor measurement[J]. Journal of Geophysical Research,114:D11305.

NAKAJIMA T, KING M D, 1990. Determination of the optical thickness and effective particle radius of clouds from reflected solar radiation measurements. Part I: Theory[J]. Journal of the atmospheric sciences,47(15):1878-1893.

NASH J, OAKLEY T, VÖMEL H, et al, 2011. WMO intercomparsion of high quality radiosonde system[J]. Instruments and Observing Methods Report,107:91-152.

NAUD C, MULLER J P, CLOTHIAUX E E, 2003. Comparison between active sensor and radiosonde cloud boundaries over the ARM Southern Great Plains site[J]. Journal of Geophysical Research,108:4140.

POORE K D, WANG J, ROSSOW W B, 1995. Cloud layer thicknesses from a combination of surface and upper-air observations[J]. Journal of Climate,8:550-568.

RANDALL D A, HARSHVARDHAN, DAZLICH D A, 1989. Interactions among radiation, convection, and large-scale dynamics in a general circulation model [J]. Journal of the Atmospheric Sciences,46:1943-1970.

ROSENFELD D, GUTMAN G, 1994. Retrieving microphysical properties near the tops of potential rain clouds by multispectral analysis of AVHRR data[J]. Atmospheric Research,34:259-283.

ROWE P M, MILOSHEVICH L M, TURNER D D, et al, 2008. Dry bias in Vaisala RS90 radiosonde humidity profiles over Antarctita[J]. Journal of Atmospheric and Oceanic Technology,25:1529-1541.

SUORTTI T M, LATS A, KIVI R, et al, 2008. Tropospheric comparisons of vaisala radiosondes and balloon-borne frost-point and lyman-α hygrometers during the LAUTLOS-WAVVAP experiment[J]. Journal of Atmospheric and Oceanic Technology,6(25):149-166.

TURNER D D, LESHT B M, CLOUGH S A, et al, 2003. Dry bias and variability in Vaisala RS80-H radiosondes: The ARM experience [J]. Journal of Atmospheric and Oceanic Technology,20:117-132.

VERVER G, FUJIWARA M, DOLMANS P, et al, 2006. Performance of the Vaisala RS80A/H and RS90 humicap sensors and the meteolabor "Snow White" chilled-mirror hygrometer in Paramaribo, Suriname[J]. Journal of Atmospheric and Oceanic Technology, 23(11): 1506-1518.

VÖMEL H, DAVID D, SMITH K, 2007a. Accuracy of tropospheric and stratospheric water vapor measurements by the cryogenic frost point hygrometer: Instrumental details and observations [J]. Journal of Geophysical Research,112,D08305.

VÖMEL H, BARNES J E, FORNO R N, et al, 2007b. Validation of Aura microwave limb sounder water vapor by balloon-borne cryogenic frost point hygrometer measurements[J]. Journal of Geophysical Research, 112, D24S37.

VÖMEL H, SELKIRK H, MILOSHEVICH L, et al, 2007c. Radiation dry bias of the Vaisala RS92 humidity sensor[J]. Journal of Atmospheric and Oceanic Technology, 24: 953-963.

WANG J H, ROSSOW W B, 1995. Determination of cloud vertical structure from upper-air observations[J]. Journal of Applied Meteorology, 34: 2243-2258.

WANG J H, 1997. Determination of cloud vertical structure from upper air observations and its effects on atmospheric circulation in a GCM[D]. New York: Columbia University.

WANG J H, ROSSOW W B, 1998. Effects of cloud vertical structure on atmospheric circulation in the GISS GCM [J]. Journal of Climate, 11: 3010-3029.

WANG J H, COLE H L, CARLSON D J, et al, 2002. Corrections of humidity measurement errors from the Vaisala RS80 radiosonde-application to TOGA COARE data[J]. Journal of Atmospheric and Oceanic Technology, 19: 981-1002.

ZHANG J Q, CHEN H, LI Z, et al, 2010. Analysis of cloud layer structure in Shouxian, China using RS92 radiosonde aided by 95GHz cloud radar[J]. Journal of Geophysical Research, 115: D00K30.

ZHANG J Q, CHEN H, BIAN J, et al, 2012. Development of cloud detection methods using CFH, GTS1, and RS80 radiosondes[J]. Advances in Atmospheric Sciences, 29(2): 236-248.

ZHANG J Q, LI Z Q, CHEN H B, et al, 2013. Validation of a radiosonde-based cloud layer detection method against a ground-based remote sensing method at multiple ARM sites[J]. Journal of Geophysical Research, 118(2): 846-858.

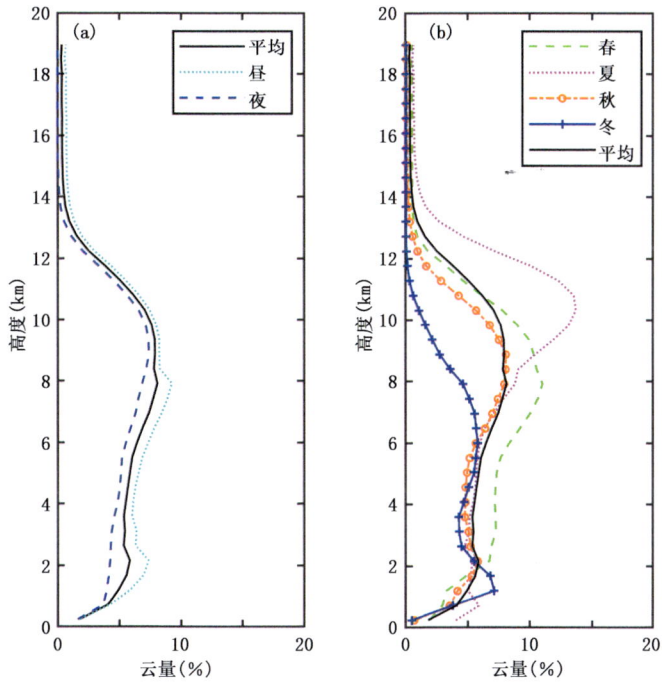

图 3.1 平均云量廓线昼夜分布(a)及季节分布(b)

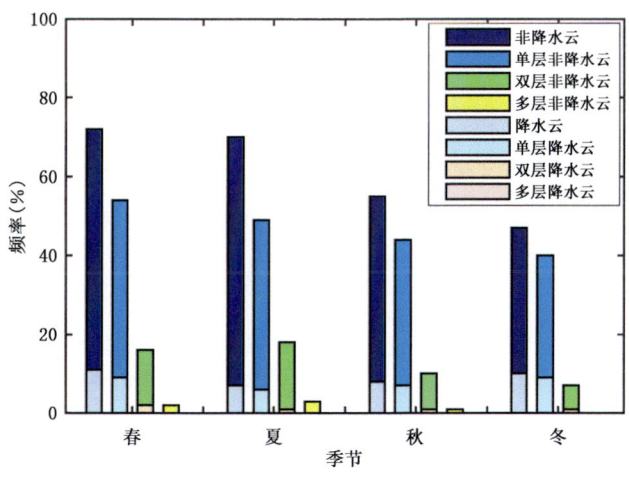

图 3.2 东北地区不同云系出现的频率

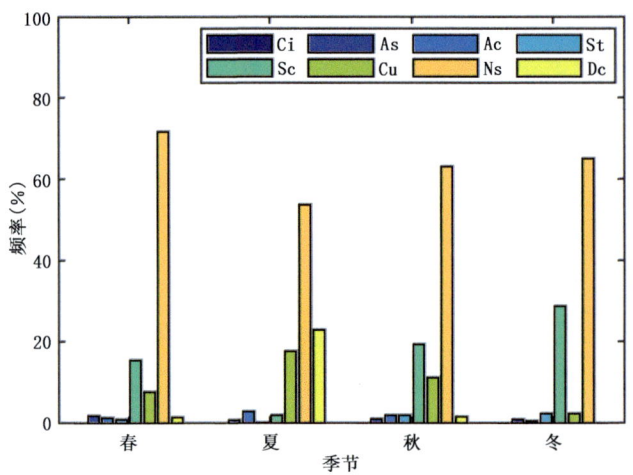

图 3.3 东北地区单层降水云中各类云出现的频率

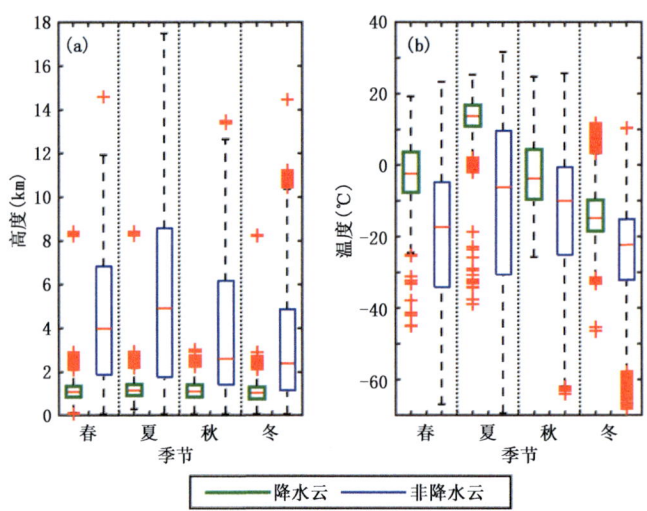

图 3.5 东北地区单层降水云和非降水云云底高度(a)及温度(b)四季差异箱型图
(箱体中红色实线为中位数,箱体下、上边界分别为第一和第三、四分位数,箱体垂直延伸的线条表示
分布的扩展长度,代表第一和第三分位数差值的1.5倍,其中"＋"代表在此范围之外的观测点)

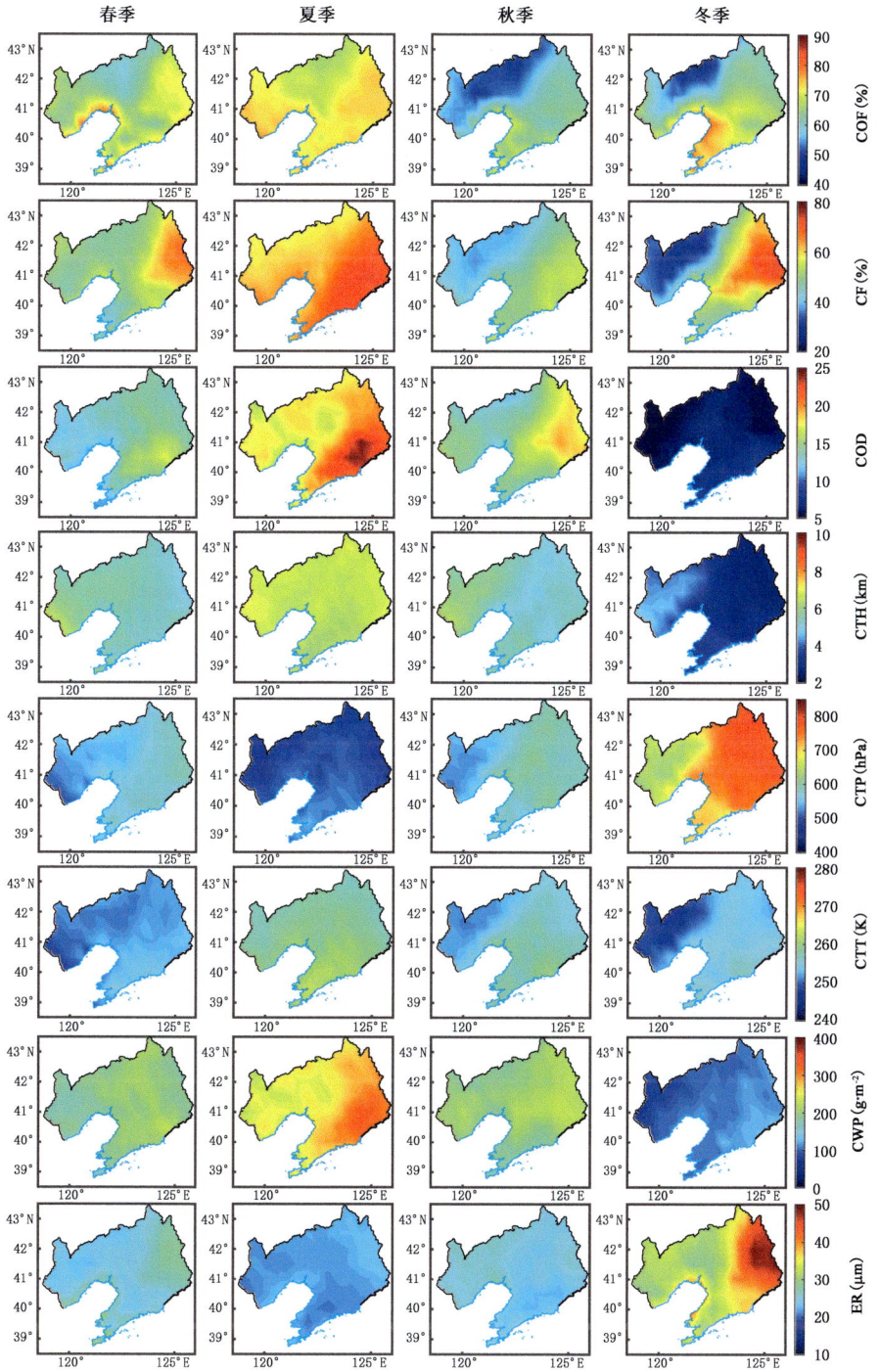

图 4.1 辽宁省云宏微观参量的季节分布特征

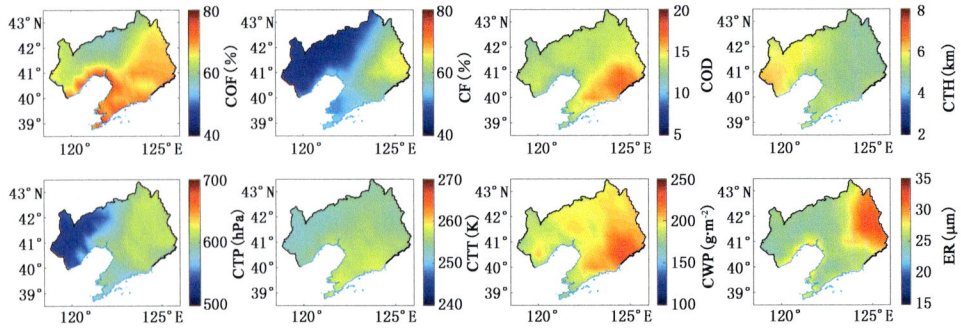

图 4.2 辽宁省云宏微观参量的年均分布特征

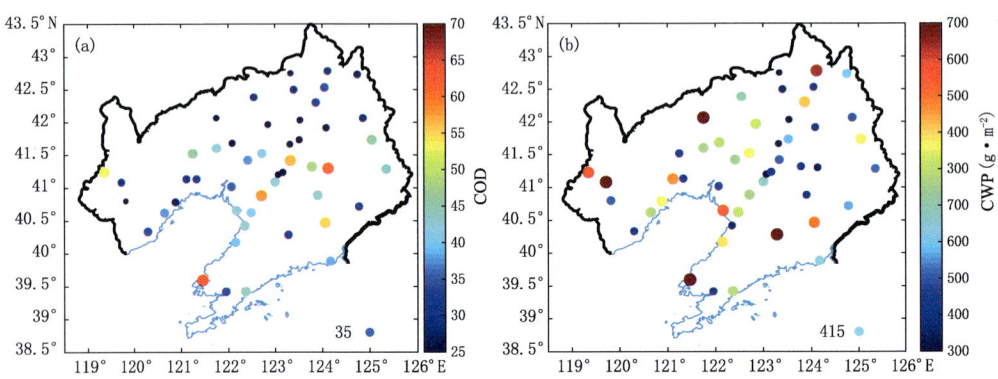

图 4.5 不同站点的最佳 COD(a) 与 CWP(b) 取值